DURCHBLICK
BIODIVERSITÄT

Aus dem Englischen übersetzt von Volkhardt Müller.
Titel der Originalausgabe: Navigating Biodiversity
erschienen bei Riverside Press
einem Imprint von UniPress Books
Ltd World's End Studios
unter der ISBN 978-1-739798-89-5

BILDNACHWEIS

Mit 51 Illustrationen von Robert Fiszer.

IMPRESSUM

Umschlaggestaltung von Alexandre Coco unter Verwendung
einer Illustration von Robert Fiszer.
Die Illustration zeigt eine beispielhafte Darstellung eines Biodiversitäts-Hotspots.

Mit 51 Illustrationen

Alle Angaben in diesem Buch erfolgen nach bestem Wissen und Gewissen. Sorgfalt bei der Umsetzung ist indes dennoch geboten. Der Verlag und der Autor übernehmen keinerlei Haftung für Personen-, Sach- oder Vermögensschäden, die aus der Anwendung der vorgestellten Materialien, Methoden oder Informationen entstehen könnten.

Unser gesamtes Programm finden Sie unter **kosmos.de**.
Über Neuigkeiten informieren Sie regelmäßig unsere
Newsletter, einfach anmelden unter **kosmos.de/newsletter**

Gedruckt auf chlorfrei gebleichtem Papier

ISBN 978-3-440-18372-4
Projektleitung: Heiko Fischer
Lektorat: Heiko Fischer
Gestaltungskonzept: Alexandre Coco
Gestaltung und Satz: TEXT & BILD Michael Grätzbach
Produktion: Markus Schärtlein
Printed in China / Imprimé en Chine

FSC
www.fsc.org
MIX
Papier | Fördert gute Waldnutzung
FSC® C008047

DURCHBLICK

BIODIVERSITÄT

EINFACH ERKLÄRT, SCHNELL VERSTANDEN

RICHARD KEMENY

INS DEUTSCHE ÜBERSETZT
VON VOLKHARDT MÜLLER

KOSMOS

EINLEITUNG 6

1 DIE URSPRÜNGE DER VIELFALT 8

Wie kam das Schnabetier zum Schnabel? 14
Wie lernte der Stint vom Hering nicht zum Eiszapfen zu gefrieren? 16
Wie können wir eine Giraffe von einem Baum unterscheiden? 18
Liegt die Stärke in der Anzahl? 20
Was kostet ein Korallenriff? 22
Machen Berge das Leben interessanter? 24
Was macht einen Biodiversitäts-Hotspot aus? 26

2 ÖKOSYSTEME 28

Wann wird der Fluß zum Ozean? 34
Was passiert wenn ein Wal stirbt? 36
Was verbindet eine Pflanze mit einem Vulkan? 38
Ist ein Hai wichtiger als eine Kammmuschel? 40
Wie geht der Schmetterling mit seiner Konkurrenz um? 42
Haben Sie Lust auf einen Hai-Ritt? 44
Warum haben Meeresschildkröten nicht längst die Welt erobert? 46

3 DIE UNSICHTBARE WELT 48

Sollte man täglich duschen? 54
Was färbt den Schnee so rot? 56
Könnten wir noch eine „Dust Bowl" überleben? 58
Wie reden Pflanzen miteinander? 60
Wie viele Mikroben leben im Ozean? 62
Sind Viren nützlich? 64

4 CHANCEN 66

Was kümmern mich Mangroven? 72
Was befeuert unser Überleben? 74
Was haben die Wespen je für uns getan? 76
Wie bewahren andere Arten meine Gesundheit? 78
Wie bekommen wir Aspirin vom Baum? 80
Wie konnte der Tourist den Gorilla retten? 82

5 TECHNOLOGIE 84

Kann man einen Elefanten aus dem Weltraum erkennen? 90
Wie schlafen Vögel im Flug? 92
Nützt das Geräusch eines fallenden Baums im Wald der Wissenschaft? 94
Wenn ein Fisch zum Mörder wird, können wir sagen welcher? 96
Wann ist eine Qualle keine Qualle mehr? 98
Wird KI die Biodiversität der Erde retten? 100

6 DAS ANTHROPOZÄN 102

Wo gibt es noch Wildnis? 108
Sind Städte gut oder schlecht für die Biodiversität? 110
Wie konnte das Huhn die Welt erobern? 112
Was wäre, wenn Menschen nie das Segeln oder Fliegen erfunden hätten? 114
Habe ich Plastik auf meinem Teller? 116
Gab es früher Löwen in Europa? 118

7 BEDROHTES LEBEN 120

Entfernen sich junge Florida-Pumas weit von ihren Eltern? 126
Warum handeln Menschen illegal mit Schuppentieren? 128
Können Korallen den Klimawandel verkraften? 130
Warum macht man in Mexiko Ziegel aus Algen? 132
Wohin schwimmt der Feuerfisch? 134

8 NATURSCHUTZ 136

Woher wissen wir, dass eine Art gerettet wurde? 142
Kann uns eine Arche Noah für Samen retten? 144
Wieviele Bisons braucht man um ein Ökosystem wieder aufzubauen? 146
Sollten wir Stechmücken durch Genmanipulation ausrotten? 148
Kann ein Fluß Rechte haben? 150
Welche Rolle können indigene Völker im Naturschutz spielen? 152
Wie kann ich Biodiversität schützen? 154

WER MEHR WISSEN MÖCHTE ... 156
ÜBER DIE BEITRAGENDEN 157
INDEX 158
DANKSAGUNG 160

EINLEITUNG

Biodiversität ist die Vielfalt des Lebens – von der kleinsten Mikrobe bis hin zum allergrößten Organismus dieser Erde. Unser Verständnis der Biodiversität hat sich verbessert, und im selben Maß haben wir begriffen, wie existenziell wir von ihr abhängen. Die natürliche Umwelt hält uns am Leben und sie schenkt uns eine Fülle von Gütern und Leistungen. Die Biodiversität oder biologische Vielfalt in all ihrer Komplexität ist die tief verwurzelte Stütze unserer Zivilisation, das System, das es uns ermöglicht hat, zu gedeihen und zu blühen, vom Wasser, das wir trinken, über die Luft, die wir atmen, bis hin zum Boden, der uns ernährt. Einige dieser Nutzeffekte können wirtschaftlich bewertet werden, andere nicht. Beruht der Erfolg des Homo sapiens auf menschlicher Intelligenz und seinem Einfallsreichtum oder ist er eigentlich den Mikroben zu verdanken? Die Welt ist voller mikroskopisch kleiner Organismen, die zu klein für das bloße Auge, überall leben, um uns herum und in uns. Sie haben unseren Planeten und vielleicht auch unsere eigene Evolution auf eine Weise beeinflusst, die wir gerade erst zu verstehen beginnen. Es gab große Fortschritte in der Erforschung der Ökologie und wir haben neue Technologien entwickelt, um die biologische Vielfalt zu erfassen, zu verstehen zu und erhalten. Wir können Haien folgen, wenn sie in die Tiefen des Ozeans abtauchen, und Zugvögel auf ihren Flügen um den Planeten begleiten. Dabei lernen wir mehr über ihre einzigartigen Verhaltensweisen und die ökologischen Rollen die sie einnehmen.

Parallel zum Wissen ist ein Bewusstsein entstanden, dass unsere Nutzung des Planeten stark auf Kosten anderer Lebensformen geht. Wir haben auf der Suche nach Mineralien das Land zernarbt, Milliarden von Bäumen entwurzelt, unser Wasser und unseren Boden verseucht und die Atmosphäre durch fossile Brennstoffe verändert. Wir haben die Funktionsweise unseres Planeten selbst beeinflusst, und die Folgen werden immer spürbarer.
Bei unserer weltweiten Ausbreitung haben wir einige ausgewählte Pflanzen- und Tierarten mitgenommen, ein Segen für uns und sie, doch zu welchem Preis? Machen wir den Planeten ärmer, indem wir bestimmte Arten verbreiten? Schafft unser Zusammenwirken mit der Biodiversität neues Leben, das es vielleicht nie gegeben hätte? Was bedeutet die Expansion des Menschen für die Vielfalt der Tiere, Pflanzen, Pilze und Mikroben, die ebenfalls hier leben wollen? Heute haben wir die Mittel, um in die Evolution einzugreifen, ganze Arten zu vernichten oder andere vor dem Aussterben zu bewahren, doch sollen wir sie nutzen?
Dieses Buch untersucht einige der Fragen, die im Mittelpunkt heutiger Debatten über biologische Vielfalt stehen, sowie ihre wissenschaftlichen und philosophischen Grundlagen. Dadurch vermittelt es ein tieferes Verständnis für die Vielfalt des Lebens auf unserem Planeten, wie der Mensch diese verändert hat und wie wir sie am besten für zukünftige Generationen erhalten und wiederherstellen können.

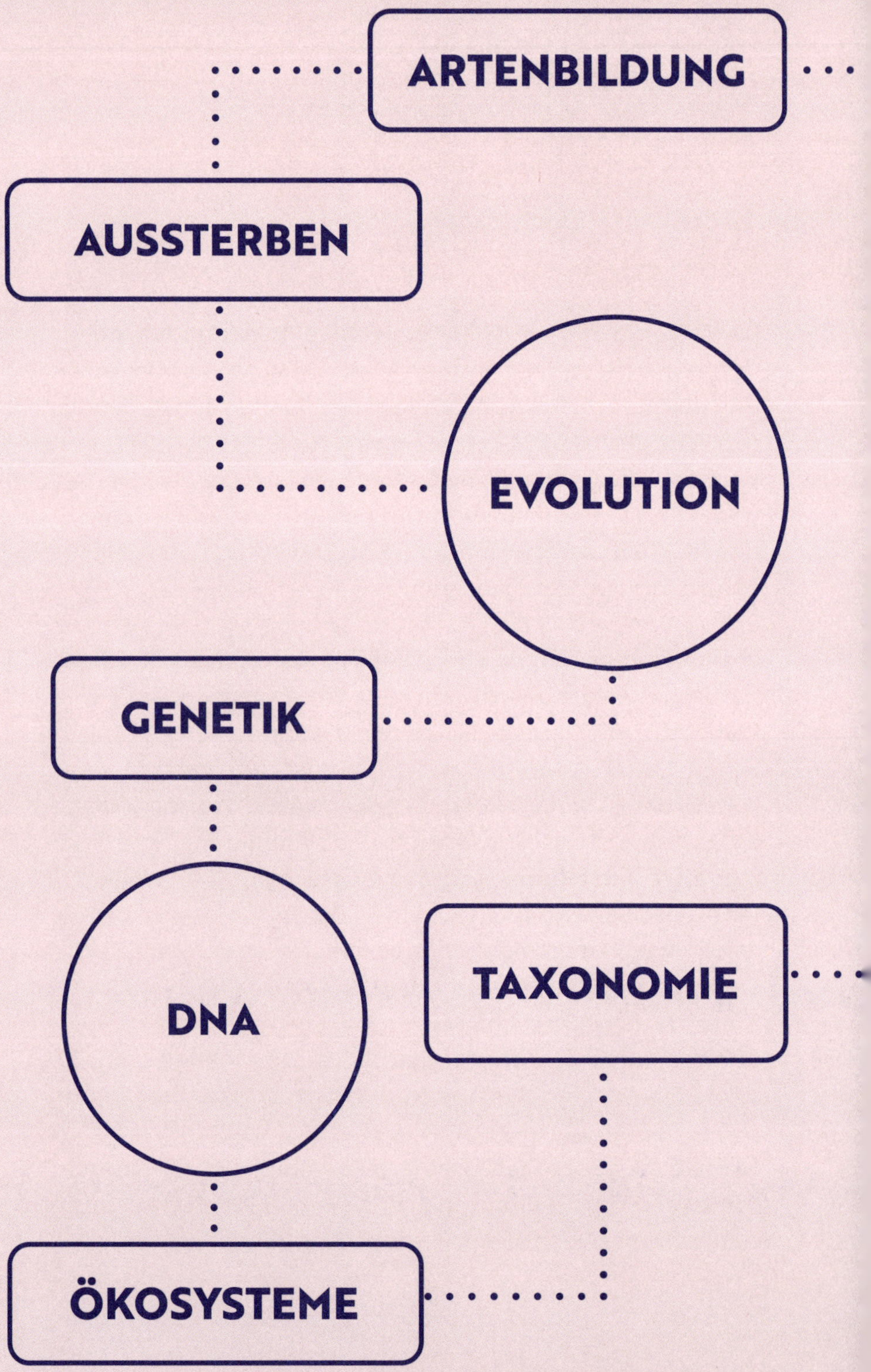
ARTENBILDUNG
AUSSTERBEN
EVOLUTION
GENETIK
DNA
TAXONOMIE
ÖKOSYSTEME

KAPITEL 1

URSPRÜNGE DER VIELFALT

BIOSPHÄRE

GEOLOGISCHE PROZESSE

NATURSCHUTZ

HOTSPOTS

EINLEITUNG

Vor etwa 4,6 Milliarden Jahren vereinigte die Schwerkraft Gas- und Staubwirbel in der Nähe der noch jungen Sonne zu einer feurigen Masse aus geschmolzenem Gestein. Die frühe Erde war ein garstiger Ort. Asteroiden bombardierten unseren neuen Planeten, während ein unablässiger Vulkanismus sein Inners tes nach außen spie. Irgendwann kühlte sich das Ganze ab, Ozeane entstanden und große Ströme sauren Wassers überspülten das Land. Ganz allmählich wurde die Erde lebensfreundlicher.

Wir werden vielleicht nie genau erfahren, wie das erste Leben entstand, ob durch eine allmähliche Heranbildung in der sogenannten „Ursuppe", einer Mischung aus Chemikalien und Wasser, oder in einer Art biotischem Urknall. Selbst seine Urform ist unbekannt, obwohl eine verbreitete Theorie besagt, dass das Leben mit einfachen, sich selbst replizierenden **RNA**-Strängen begann. Vor 3,7 Milliarden Jahren, möglicherweise schon früher, traten einzellige Organismen auf, die Prokaryoten. Vor etwa 2,5 Milliarden Jahren lernten Zyanobakterien, die Energie der Sonne zu nutzen und setzten dabei Sauerstoff frei. Vor etwa 2 Milliarden Jahren drang ein Prokaryot in einen anderen ein, und der erste Eukaryot entstand. Damit war der Weg geebnet für die Evolution **MEHRZELLIGER ORGANISMEN** wie Pflanzen, Pilze und Tiere, einschließlich uns selbst.

Dass es auf unserem Planeten überhaupt Leben gibt, ist ein wahres Wunder – zumindest das Leben, wie wir es kennen. Die Erde umkreist die Sonne in einer lebensfreundlichen Laufbahn, genau richtig für flüssiges Wasser, und die Hitze des Zentralgestirns liefert die notwendige Energie aus der sich das Leben speißt. Unsere Atmosphäre ist ein fein ausbalanciertes Gemisch aus Stickstoff, Sauerstoff, Kohlendioxid und den anderen Gasen, die wir zum Atmen benötigen. Das Leben in seinen vielen Formen hat gewaltige planetarische Veränderungen überstanden, darunter große Umformungen kontinentaler Landmassen, mindestens zwei Perioden, die als **SCHNEEBALL ERDE** bekannt sind und in denen der Planet vollständig mit Eis bedeckt war, sowie weitere Asteroideneinschläge.

Welche Rolle hat das Leben selbst in dieser bemerkenswerten Erfolgsgeschichte gespielt? In den 1970er Jahren entwickelten der englische Wissenschaftler James Lovelock (1919–2022) und die amerikanische Mikrobiologin Lynn Margulis (1938–2011) die **GAIA-HYPOTHESE**. Derzufolge ist die Erde ein selbstregulierendes System, das wie ein lebender Organismus funktioniert. Es erhält eine dynamische und dennoch stabile physikalische und chemische Umwelt aufrecht, die für das Leben geeignet ist, vom Salzgehalt der Ozeane über die Zusammensetzung der Atmosphäre bis hin zur Oberflächentemperatur. Als ein einziges zusammenhängendes Ökosystem verbanden sich lebende und nicht lebende Bestandteile des Planeten zu einem Thermostat, der andere planetarische Prozesse einhegte, die sonst das Leben vollständig ausgelöscht haben könnten.

Die Gaia-Hypothese stieß zunächst auf Skepsis. Obwohl sie nach wie vor umstritten ist, gibt es immer mehr Belege für sie und sie ist nun ein Gegenstand der Erdsystemforschung. Angesichts des anthropogenen Klimawandels hat sie neue Bedeutung bekommen. Lovelock sah die Zerstörung der Biodiversität und den Klimawandel als ein und dasselbe Problem an, das eine gemeinsame Lösung bedarf.

ÜBERSICHT ZUR HERKUNFT DER VIELFALT

EVOLUTION

ARTBILDUNG (SPEZIATION)

Bildung neuer und eigenständiger Arten durch den Evolutionsprozess. Dabei entwickeln sie spezifische Merkmale und sind durch Artgrenzen getrennt.

WÄRMEREGULIERUNG
Mechanismus, mit dem Säugetiere ihre Körpertemperatur unabhängig von der Außentemperatur regulieren.

CHARLES DARWIN (1809–1882)
Englischer Naturforscher, Biologe und Geologe, Begründer der Theorie der Evolution durch natürliche Auslese, die Grundlage der modernen Evolutionstheorie. Autor des Buches „Über die Entstehung der Arten" (1859).

ENDEMISCH
Arten, die nur in einem bestimmten Gebiet vorkommen.

ARTENREICHTUM/ ARTENZAHL
Anzahl der Arten innerhalb eines Ökosystems.

CARL VON LINNÉ (1707–1778)
Schwedischer Botaniker und Forscher, der eine bis heute gültiges taxonomisches System entwickelte.

ÄQUITÄT
Maß für die relative Abundanz (Häufigkeit) von Arten in einem Ökosystem. Sie ist am höchsten, wenn jede Art in einer bestimmten Stichprobe die gleiche Häufigkeit aufweist.

TAXONOMIE
Benennungssystem zur Identifizierung und Einordnung lebender Organismen auf acht Ebenen (Domäne, Reich, Stamm, Klasse, Ordnung, Familie, Gattung und Art)

GENETIK

DNA
(Desoxyribonukleinsäure)
Molekül, das den Bauplan der genetischen Information trägt, die ein Organismus für seine Entwicklung und Funktion benötigt.

RNA
(Ribonukleinsäure)
Molekül, das die in der DNA gespeicherte Information für verschiedene Schlüsselfunktionen der Zelle nutzt, darunter die Proteinbildung.

CHROMOSOM
Langes, fadenförmiges Molekül der DNA, das die Gene trägt. Befindet sich im Zellkern von Pflanzen und Tieren sowie in Bakterien.

ERDE

BIOSPHÄRE

Teil der Erde, der von lebenden Organismen bewohnt wird, sowie die globale Gesamtheit aller Ökosysteme, von Regenwäldern und Berggipfeln bis hin zu Böden und tiefen Meeresgräben.

MEHRZELLIGE ORGANISMEN
Organismen, die aus mehr als einer Zelle bestehen, wie Pflanzen, Pilze und Tiere.

EINZELLIGE ORGANISMEN
Organismen, die aus nur einer Zelle bestehen, wie Prokaryoten und einige Eukaryoten.

GAIA-HYPOTHESE
Theorie, derzufolge die lebenden Organismen der Erde mit ihrer unbelebten Umgebung interagieren, um ein komplexes selbstregulierendes System zu erschaffen.

BIODIVERSITÄT
die Vielfalt des Lebens der Erde, einschließlich genetischer Variabilität innerhalb von Arten sowie der Ökosystem-Diversität.

SCHNEEBALL-ERDE
Hypothese, dass die Erde vor etwa 640 und 710 Millionen Jahren zweimal jeweils etwa 10 Millionen Jahre lang komplett mit Eis bedeckt war.

BIODIVERSITÄTS-BRENNPUNKTE
Regionen oder Orte mit hoher Biodiversität, die zugleich gefährdet ist, insbesondere Gebiete mit vielen endemischen Arten.

GEN
Kurzer DNS-Abschnitt auf einem Chromosom, mit Anweisungen die das physische Erscheinungsbild eines lebenden Organismus und andere Erbmerkmale bestimmen.

VULKANISMUS
Ausbruch von geschmolzenem Gestein aus dem Erdinneren.

Wie kam das Schnabeltier zum Schnabel?

⟶ Artbildung ist der Schlüssel zur Biodiversität. Die Natur wirkt auf verblüffende und geheimnisvolle Weise – in verzweigten Stammbäumen bringt sie neue Arten hervor, die wiederum vielfältige faszinierende Formen ausbilden.

Alles Leben heute ist das Ergebnis von über 3 Milliarden Jahren Evolution. Einst bewohnten nur Mikroben unseren Planeten. Die ersten Tiere erschienen erst vor circa 890 Millionen Jahren. Über viele Generationen hat die Natur aus gemeinsamen Vorfahren Millionen von Arten hervorgebracht. Biodiversität ist die Vielfalt und Variabilität dieser Lebensformen. Schlüsselintervalle wie die kambrische (Arten) Exlosion vor über 500 Millionen Jahren markieren die Geschichte dieser Diversifizierung. Aus dieser rapiden Ausbreitung des Lebens, gingen die meisten heutigen großen Tiergruppen und -formen hervor.

Über 99 Prozent der geschätzten 4 Milliarden Arten, die je existierten, gibt es nicht mehr. Biodiversität ist ein dynamisches Gleichgewicht zwischen zwei Prozessen – Artbildung und Aussterben. Die fünf Massensterben der Erde könnten ihre Ursachen in einem sinkenden Sauerstoffgehalt der Ozeane, in dramatischen Klimaveränderungen oder einem Asteroideneinschlag, der vermutlich die meisten Dinosaurier auslöschte, gehabt haben. Wissenschaftler glauben, dass wir uns mitten im sechsten Massensterben befinden, und diesmal ist der Mensch die Ursache.

Artbildung tritt ein, wenn sich Organismen so weit voneinander auseinanderentwickelt haben, dass sie keine fruchtbaren Nachkommen mehr zeugen können. Dies kann durch physische Barrieren geschehen oder wenn sich eine Art sehr weit verbreitet. Mit der Zeit führt Artbildung zu neuen Formen, Verhaltensweisen und Organismen, die besser an ihre Umwelt angepasst sind. Bis heute haben Wissenschaftler etwa 1,7 Millionen Tier-, Pflanzen- und Pilzarten erfasst. Bis zu 100 Millionen mehr wollen noch entdeckt werden, möglicherweise noch viel mehr, wenn wir Mikroben mitrechnen, die man eigentlich berücksichtigen muss.

Arten breiten sich aus wie die absteigenden Äste eines evolutionären Baumes. Das einzigartige Schnabeltier ist das Ergebnis vieler Abtrennungen von früheren Abstammungslinien. Sein vogelartiger Schnabel hat Elektrorezeptoren, mit denen es im dunklen Wasser Beute finden kann, es hat Schwimmhäute und es legt Eier. Wie ein Reptil produziert es Gift, doch mit Fell, warmem Blut und der Fähigkeit, Milch zu produzieren, ist es zweifellos ein Säugetier und nur eines der Beispiele für die außergewöhnliche Vielfalt unseres Planeten.

ARTBILDUNG

Im Laufe der Zeit, manchmal innerhalb weniger Generationen, oder auch über Jahrmillionen hinweg, spalten sich Organismen in separate Gruppen auf und entwickeln neue einzigartige Merkmale, wobei sie Merkmale ihrer gemeinsamen Vorfahren beibehalten. Vor etwa 166 Millionen Jahren spaltete sich die Abstammungslinie in eierlegende Säugetiere und solche mit einem Beutel oder einer Plazenta. Dann, vor 130 Millionen Jahren tauchten die ersten Kloakentiere auf, und in der jahreszeitlich bedingten Dunkelheit des urzeitlichen Australiens entwickelten einige davon einen Schnabel, mit dem sie im Dunkeln jagen konnten.

Wie brachte der Hering dem Stint bei, nicht zum Eiszapfen zu gefrieren?

→ Gepaart haben sie sich nicht, soviel steht fest. Es scheint, als gebe es eine andere Art des Gentransfers quer über Abstammungslinien hinweg. So auch beim Stint, der vom Hering ein Frostschutz-Gen erhielt.

Unser Verständnis von Artbildung geht auf die Evolutionstheorie von Charles Darwin (1809–1882) zurück. 1859 veröffentlichte der britische Naturforscher sein Buch *Die Entstehung der Arten*. Darin schlug er vor, dass Evolution durch natürliche Auslese geschieht. Zeitgleich und unabhängig davon entwickelte der englische Naturforscher Alfred Russel Wallace (1823–1913) dieselbe Theorie.
Darwins Theorie besagt, dass Individuen einer Art sich allmählich in verschiedener Hinsicht voneinander zu unterscheiden beginnen. Manche dieser Variationen wie Farbe, Größe oder Krankeitsresistenz verbessern die Überlebenschancen in einer bestimmten Umwelt und die Möglichkeit, sich fortzupflanzen und diese Merkmale an die nächste Generation weiterzugeben. Schließlich werden die Individuen mit ebendiesen Merkmalen die anderen überleben – es überlebt, wer am besten angepasst ist. Heute wissen wir, dass diese Veränderungen auf Genvariationen zurückzuführen sind. Abschnitte von DNA-Molekülen enthalten die genetischen Informationen, die ein Organismus für seine Entwicklung und Fortpflanzung benötigt. Gene enthalten Baupläne für die Proteinbildung und sie bestimmen Erbmerkmale.

Es gibt mehrere Hauptursachen genetischer Variation. Wenn der Prozess, in dem sich Zellen teilen und DNA kopieren, fehlerhaft verläuft, entstehen Mutationen, die eine wichtiger Motor für Variationen sind. Weitere Quellen neuer genetischer Kombinationen sind die sexuelle Fortpflanzung sowie die Kreuzung verschiedener Populationen.
1928 entdeckten Wissenschaftler den horizontalen Gentransfer, ein Weg zur Übertragung genetischer Informationen ohne Fortpflanzung. DNA kann aus der Umwelt aufgenommen oder durch Viren übertragen werden. Der horizontale Gentransfer ist bei Bakterien am häufigsten, kann aber auch zwischen entfernten Arten und sogar zwischen Tieren und Pflanzen stattfinden.
Ein klassisches Beispiel für den horizontalen Gentransfer ist der vom Hering zum Stint. Beide leben in eisigen Gewässern und verfügen über ein Gen zur Bildung von Frostschutzproteinen, die verhindern, dass ihr Blut gefriert. Man geht davon aus, dass der Stint diese Fähigkeit vor etwa 20 Millionen Jahren vom Hering übernommen hat. Diese Art des Gentransfers könnte weit häufiger sein als bisher angenommen.

DNA: DIE BAUSTEINE DES LEBENS

DNA ist ein komplexes Molekül, das alle Anweisungen enthält, die wir zur Bildung von Leben benötigen. Sie enthält den genetischen Code und ist in fast jeder Zelle unseres Körpers vorhanden. Sie verwendet eine Sprache, die auf den vier chemischen Basen A, T, C und G beruht. Aus der Reihenfolge der Paarungen zwischen diesen Basen ergibt sich eine Bedienungsanleitung für die Zellen. Gene sind Abschnitte der DNA, die bestimmte Funktionen erfüllen. DNA ist in Chromosomen gebündelt, die genetische Informationen zwischen Zellen transportieren.

Wie können wir eine Giraffe von einem Baum unterscheiden?

→ Mit dem bloßen Auge natürlich. Das eine ist ein großes Tier, das andere eine hohe Pflanze. Tatsächlich aber mußten wir uns, wie bei so vielen Arten dieser Erde, zur genaueren Unterscheidung auf Wissenschaftler verlassen.

Wissenschaftler brauchen ein Ordnungsssystem, um alle verschiedenen Arten der Erde bestimmen und erforschen zu können. Das erste große Modell kam vom griechischen Philosophen Aristoteles (384–322 v.u.Z.), der Tiere anhand physischer Merkmale klassifizierte, etwa ob sie Blut hatten oder Eier legten. Danach gab es immer wieder Versuche, neue Ordnungssysteme zu entwickeln, die meisten davon nach dem 16ten Jahrhundert.
Das derzeitige taxonomische System stammt vom schwedischen Botaniker Carl von Linné (1707–1778). Es wird bis heute verwendet, wenn auch mit umfangreichen Verfeinerungen. Sein im 18. Jahrhundert veröffentlichtes Benennungssystem ordnet alle Tiere und Pflanzen in Königreich, Klasse, Ordnung, Gattung und Art. Dieses hierarchische Ordnungssystem brachte auch die binäre Nomenklatur mit sich: Wissenschaftler benennen Organismen nach ihrer Gattung und Art. Das Linné'sche System ermöglicht es Wissenschaftlern, Organismen und ihre evolutionären Beziehungen zu erkennen.
Biodiversität wird auf drei verschiedenen Ebenen gemessen: Genetik, Arten und Ökosysteme. Die genetische Diversität beschreibt die Vielfalt der Erbinformationen zwischen Individuen einer Population und wie sie sich abbildet. Die Artenvielfalt bezieht sich auf die Anzahl verschiedener Arten in einem Gebiet, sie ist der gängigste Maßstab zur Bewertung von Biodiversität. Auch die Gleichmäßigkeit der Verteilung einzelner Arten spielt eine Rolle, also wie häufig sich Individuen einer Art durchsetzen können. Die Ökosystemvielfalt bewertet die gesamte komplexe Zusammensetzung des Lebens innerhalb von Ökosystemen wie Tundra, Wäldern und Ozeanen, sowie die Unterschieden zwischen ihnen. Gebiete mit höherem Artenreichtum gelten als Gebiete mit höherer Biodiversität. Andere verwenden die taxonomische Vielfalt als Maß, die rechnerische Entfernung von Organismen innerhalb des phylogenetischen Evolutionsbaumes.
Dank technischer Fortschritte in der Genomsequenzierung können Wissenschaftler nun Arten einfacher und genauer aufspüren, identifizieren und zählen. Diese Technologien könnten zukünftige Klassifizierungen komplexer machen, gleichzeitig könnten sie uns helfen, die Vielfalt unserer Ökosysteme zu überwachen und zu schützen.

TAXONOMIE: DIE ORDNUNG DER DINGE

Nach Aristoteles' Hierarchie steht der Mensch an der Spitze. Heute wissen wir, dass dies nicht ganz richtig ist. Das aktuelle taxonomische System hat acht Ränge, von der Domäne bis hin zur Art. Organismen werden auf Grundlage formaler Ähnlichkeiten Gruppen zugeordnet. Die binäre Nomenklatur (zweigliedrige Benennung) gibt die letzten beiden Ränge an, in der Reihenfolge Gattung und Art. Ein Wolf wird demnach Canis lupus benannt, ein Hund Canis familiaris. Beide sind Wolfs-und Schakalartige (Canis), doch man würde nur einen davon ins Haus lassen.

Liegt die Stärke in der Anzahl?

→ Absolut, doch Komplexität ist dabei der Schlüssel. Ein Regenwald in dem Myriaden von Bäumen, Tieren, Insekten und Pilzen zusammenwirken, ist widerstandsfähiger als eine Bambus-Monokultur.

Ein Ökosystem ist eine Gemeinschaft von Organismen, die untereinander und mit ihrer Umwelt verbunden sind. Ökosysteme sind nicht statisch, die Zusammensetzung der Arten und ihre Wechselwirkungen ändern sich stetig. Jede noch so kleine Art spielt dabei eine Rolle, und die unzähligen Wechselwirkungen zwischen den Arten speisen das gesamte natürliche Netzwerk. Ein einfaches Beispiel: Mikroben helfen Pflanzen, an Nährstoffe aufzunehmen. Die Pflanzen wandeln Sonnenlicht in Energie für Insekten um, die dann von Vögeln gefressen werden, welche wiederum Pflanzensamen verbreiten, und die Überreste der Samen werden von den Mikroben im Boden gefressen. Zwischen den Ökosystemen variiert die Vielfalt der Arten, sowie die Komplexität ihrer Interaktionen. Wie für jedes komplexe System gilt auch hier je vernetzter, desto größer ist die Gesamtstabilität. Stellen Sie sich zunächst ein Stück Regenwald vor, in dem Millionen von Baum-, Tier-, Insekten- und Pilzarten untereinander und mit ihrer Umwelt interagieren, und dann eine Monokultur aus Bambus.
Was meinen Sie, welches System ist stärker?
Die Merkmale eines Organismus, die eine Rolle für das Ökosystem spielen, werden als funktionelle Eigenschaften bezeichnet. Je mehr genetische Vielfalt, Anpassungsformen und Merkmale in einem Ökosystem vorhanden sind, desto höher ist seine Widerstandskraft gegen externe Störfaktoren wie Krankheiten, Extremwetter oder den Klimawandel. Je mehr Überlebenstaktiken zur Verfügung stehen, desto wahrscheinlicher wird eine Gesamtpopulation Bedrohungen überleben. Ein Ökosystem gilt als umso widerstandsfähiger, je weniger es unter wechselhaften Umweltbedingungen schwankt, und je schneller es in seinen Vorzustand zurückkehrt.
Dabei sind nicht alle Umweltstörungen notwendigerweise und insgesamt schädlich:
Ein kleineres ungünstiges Wetterereignis kann bestimmte Arten beseitigen und so Ressourcen für Neuankömmlinge freisetzen, was letztlich die Gesamtkomplexität eines Ökosystems erhöhen kann. Extreme Ereignisse wie Hurrikane oder Überschwemmungen sind jedoch für viele Organismen eher schlecht, denn sie können viele der verflochtenen Beziehungen innerhalb eines Ökosystems zerstören und es dadurch schwächen.

ÖKOSYSTEM-NETZWERKE

Ein Ökosystem ist ein komplexes Geflecht von Wechselwirkungen. Einige davon können eher nützlich oder schädlich für bestimmte Organismen sein , aber Insgesamt tragen sie zum Gleichgewicht des Ganzen bei. Dabei ist es wichtig, dass es viele überlappende Verbindungen gibt, weil sie verschiedene Optionen bieten. So können Eulen Mäuse, samenfressende Vögel, Eichhörnchen oder Kaninchen jagen. Wenn eine dieser Arten verschwindet, wird die Eule dennoch überleben. Diese Beziehungen reichen bis bis auf die mikrobische Ebene, wobei jeder Organismus seine Rolle spielt.

Was kostet ein Korallenriff?

→ Sein Preis läßt sich nur schwer ermitteln. Rein wirtschaftlich sind Korallenriffe und andere Ökosysteme jährlich Billionen von Dollar wert, doch die natürliche Umwelt sollte um ihrer selbst Willen geschätzt werden. Und so gesehen wird sie unbezahlbar.

Biodiversität stützt die Systeme, die das menschliche Leben stützen. Die Ökosysteme der Erde tragen zur Regulierung unseres Klimas bei, und sie versorgen uns mit sauberer Luft, sauberem Wasser, Nahrung, Brennstoffen und Medizin. Der extrinsische Wert der Biodiversität berücksichtigt die finanziellen Nutzen aller von ihr bereitgestellten Güter und Leistungen. Legt man diesen finanziellen Maßstab an, dann deuten Schätzungen darauf hin, dass die von Ökosystemen erbrachten Leistungen sich jährlich auf das Doppelte des weltweiten-BIP von über 100 Billionen Dollar belaufen könnten. Dazu kommt ein enormes Potenzial für die Entwicklung neuer Medikamente oder Technologien, die von der Biodiversität angeregt werden, vorausgesetzt, wir schützen diese Vielfalt und vermeiden die erheblichen Verluste durch Raubbau.
Eine finanzielle Bewertung der Biodiversität kann Investitionen und Richtlinien für Schutzprogrammen den Weg bereiten, sowie Programmen zum ganzheitlichen Naturschutz. Dennoch gibt es viele Variablen und Unsicherheiten bezüglich der Biodiversität, nicht zuletzt, weil wir nur einen Bruchteil des heutigen Lebens erfasst haben. Einige Organisationen befürworten die Abkehr von Schutzbemühungen für einzelne Arten oder innerhalb von Schutzgebieten hin zu einem Naturschutz landschaftlichen Maßstabs mit dem Ziel einer langfristigen Sicherung der ökologischen Funktionen und Leistungen großer Ökosysteme.
Die Natur sollte auch für sich genommen bewertet werden. Ihr wirklicher Wert läßt sich als Preis nicht fassen und keine Zahl kann ausdrücken, welchen Wert ihr Beitrag zu unserer Welt hat. Natur hat einen intrinsischen Wert, schlicht weil es sie gibt. Sie bindet lebende Organismen in unser weitgehend auf Wirtschaftswachstum basiertes Wertesystem ein, das für den Verlust der biologischen Vielfalt verantwortlich ist. Naturräume und Biodiversität sind ästhetisch ansprechend, gut für unsere Gesundheit und sie haben menschlichen Gesellschaften seit Jahrtausenden spirituellen und kulturellen Reichtum sowie Lebensräume beschert.
Die Bewertung der Biodiversität ist ein komplexes und kontroverses Thema. Dabei kann es in gewisser Weise einfach sein. Zu beobachten, wie ein Einsiedlerkrebs in ein neues Haus umzieht, ein Orang-Utan sein Baby füttert oder leuchtendes Plankton nachts im Meer glüht – könnte man dem einen Preis geben?

DIE KORALLENÖKONOMIE

Korallenriffe gehören zu den wichtigsten Ökosystemen unseres Planeten. Als Dreh- und Angelpunkt der Meereswelt beherbergen Riffe ein Viertel aller bekannten Arten in den Ozeanen. Sie sichern die Lebensgrundlage von rund 500 Millionen Menschen in über hundert Ländern weltweit. Die Güter und Leistungen, die Korallenriffe liefern, etwa für die Fischerei und den Tourismus, werden auf über 11,9 Billionen US-Dollar pro Jahr geschätzt. Dazu schützen sie nahe Siedlungen vor Hurrikanen und Überschwemmungen, was die Frage mit sich bringt, was das Leben der so betroffenen Menschen wohl wert ist?

Machen Berge das Leben interessanter?

→ Ja das tun sie, und zwarim Verlauf von Jahrmillionen. Seismische und geologische Prozesse wie Vulkane und Erdbeben verwandeln unsere Erde und beeinflussen das Klima. Dabei verändern sie auch die Biodiversität.

Die Biosphäre ist die Gesamtheit allen Lebens auf der Erde, ein globales Ökosystem, das aus vielen miteinander verbundenen Ökosystemen besteht. Obwohl die Biosphäre eine enorme Menge an Leben beherbergt, ist sie nur ein dünner Film ober- und unterhalb der Erdoberfläche. Die Biodiversität wird durch geologische Prozesse unter der Erdoberfläche geformt, die weit umfangreicher und langsamer sind.
Unsere Kontinente und Ozeane liegen auf einer Reihe tektonischer Felsplatten, die ihrerseits auf geschmolzenem Gestein schwimmen. Über sehr lange Zeiträume hinweg dehnen sich diese Platten, verformen sich, driften auseinander und kollidieren miteinander.
Dies führt zu seismischen Aktivitäten wie Erdbeben und Vulkanausbrüchen; Landmassen und Ozeane werden geformt. Berge entstehen durch die Kollision von Kontinentalplatten und einige Gebirgsketten heben sich immer noch an. Diese geologischen Prozesse beinflussen auch das Klima, einen weiteren Schlüsselfaktor für die Ausformung der Biodiversität.
Auseinander brechende Kontinente und neu entstehende Gebirge schaffen physische Barrieren, die Genpools teilen können. Aus Kollisionen von Kontinenten entstehen neue Landbrücken, über die Organismen wandern und sich neu vermischen können. Die Verteilung der Kontinente und ihre physischen Eigenschaften beeinflussen auch das globale Klima, mit Folgen für die Biodiversität. Durch geologische Aktivität aufgeworfene Gesteine, Böden und Sedimente liefern die für den Erhalt des Lebens notwendigen Mineralien und Nährstoffe. Deren Zusammensetzung ist in den Bergregionen besonders vielfältig. Sie beherbergen etwa 87 Prozent des gesamten Lebens auf dem Land, und zwar insbesondere in den Tropen.
Geologische Prozesse sind auch der Schlüssel zur Entstehung endemischer Arten, unentbehrlicher Organismen, deren Vorkommen bestimmte Gebiete beschränkt ist. Auf Inseln sind Organismen isoliert und entwickeln sich entlang eigener evolutionärer Pfade. Gebirgsbildung und die Entstehung von Archipelen schaffen viele neue ökologische Nischen und erhöhen weltweit die Biodiversität erhöht. Man denke an den Amazonas, der als Rinnsal in den Anden entspringt, durch den vor Leben strotzenden Regenwald in den Ozean fließt und entlang seines Verlaufs für Leben sorgt und es verändert.
Vor über 200 Millionen Jahren bildeten alle unsere Kontinente den Superkontinent Pangaea. Ihre Trennung führte zur Entstehung vieler neuer Lebensräume und zu einer erhöhten Artbildungsrate. Deshalb ist die Biodiversität heute wesentlich höher.

PLATTENTEKTONIK

Die Erdplatten bewegen sich ständig, doch sehr langsam, oft nur wenige Zentimeter pro Jahr. Diese Bewegung wird durch Konvektion (Wärmetransport) im Erdmantel angetrieben, einem extrem heißen Abschnitt aus Magma und Gestein der sich von unterhalb der Erdkruste bis zum Kern erstreckt. Es gibt sieben große Erdplatten, die Nordamerikanische, Südamerikanische, Pazifische, Afrikanische, Eurasische, Indo-Australische und Antarktische. Dazu gibt es noch acht kleinere. Die Kontinente haben sich im Laufe der Erdgeschichte mindestens dreimal aufgrund dieses Prozesses zu Superkontinenten zusammengeschlossen.

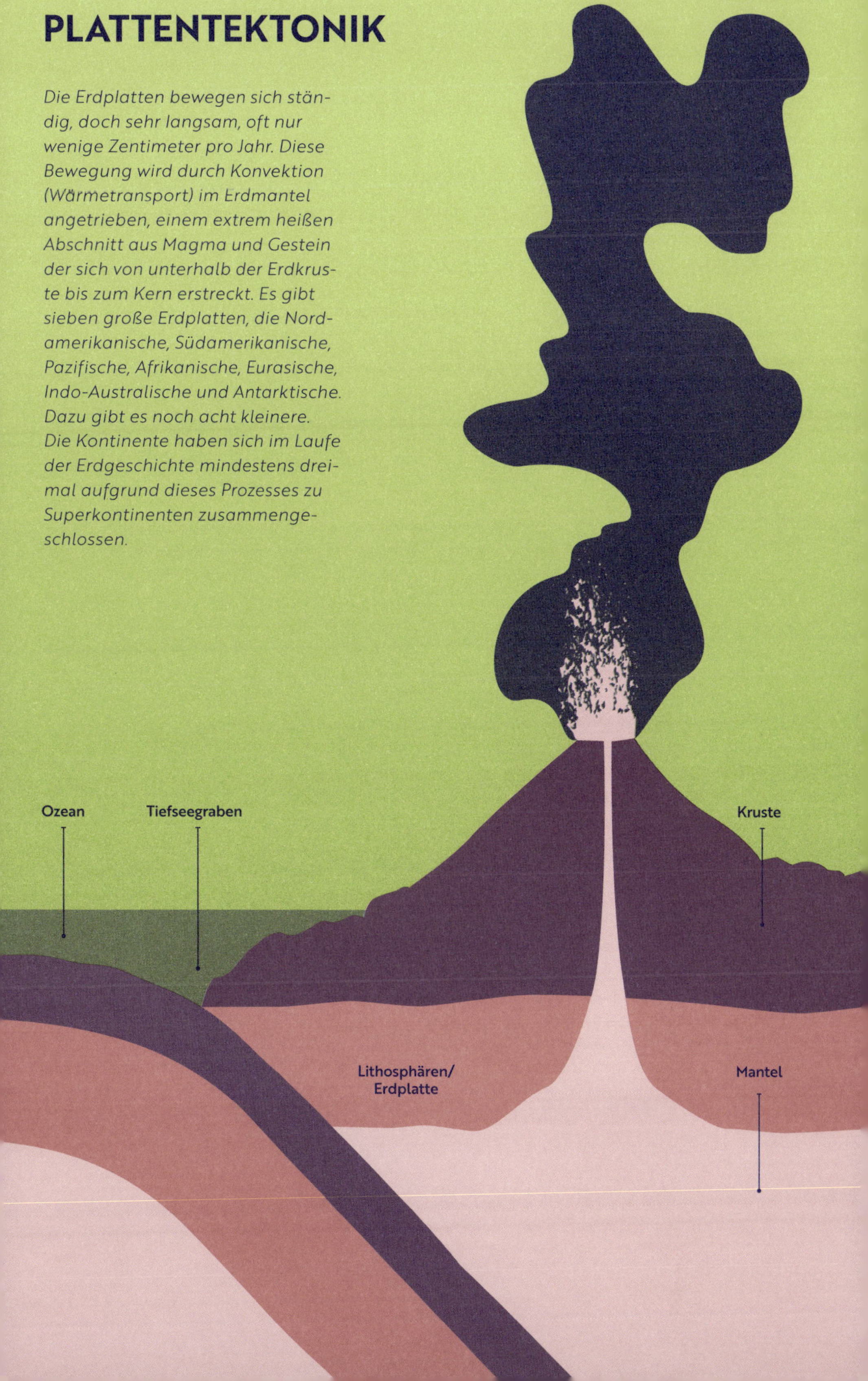

Was macht einen Biodiversitäts-Hotspot aus?

Manche Regionen sind mit einer geradezu spektakulären Biodiversität gesegnet. Sie werden als Biodiversitäts-Hotspots oder Brennpunkte bezeichnet und sie sind als solche per se in besonderem Maße bedroht.

Die Biodiversität ist nicht überall auf der Welt gleich. Einige Ökosysteme werden als „Hotspots" ausgewiesen, Gebiete mit einer außergewöhnlichen Vielfalt an Leben. Dazu müssen sie mehr als 1.500 endemische Pflanzenarten enthalten und 70 Prozent der ursprünglichen Vegetation des Ökosystems müssen bereits verschwunden sein. Das Konzept der Biodiversitäts-Brennpunkte wurde Ende der 1980er Jahre vom britischen Ökologen Norman Myers erdacht, um auf ihre Schönheit und auf ihre Gefährdung aufmerksam zu machen. Es gibt 36 offiziell anerkannte Biodiversitäts-Hotspots auf der ganzen Welt, die meisten von ihnen in den Tropen. Generell nimmt die Biodiversität in Richtung Äquator mit zunehmend günstigen Bedingungen für Nährstoffgehalt, Wärme und Licht zu. Wobei sich Wissenschaftler immer noch uneins sind, warum die Biodiversität bestimmter Orte ausgeprägter ist.

Die meisten Biodiversitäts-Hotspots befinden sich in Entwicklungsländern. In ihnen leben etwa 2 Milliarden Menschen, deren Existenz oft direkt von ihrer Heimat abhängt. Hotspots sind unglaublich komplexe Ökosysteme, die große Mengen an Kohlenstoff aus der Atmosphäre binden und speichern. Damit mildern sie die Auswirkungen des Klimawandels. Viele Wissenschaftler befürchten, dass sich der Amazonas-Regenwald aufgrund des menschlichen Drucks und des Klimawandels von einem Kohlenstoffspeicher zu einer Kohlenstoffquelle wandeln könnte, mit potenziell verheerenden Auswirkungen auf das globale Klima.

Das Konzept der Biodiversitäts-Hotspots, das zwar landläufig als Fortschritt für den Naturschutz gilt, hat auch zu Kontroversen geführt. Einige befürchten, dass eine Bereitstellung zu vieler Ressourcen für diese Gebiete auf Kosten weniger biodiverser Weltregionen geht, die genauso wichtig für das gesunde Funktionieren unseres Planeten sein könnten. Dennoch taugen sie dazu, um angesichts begrenzter Zeit und Ressourcen den weltweiten Zustand der Ökosysteme zu beobachten. Auch zeigt sich, dass viele Regionen wie die Tiefsee oder die Arktis, die einst als lebensfeindlich galten, tatsächlich über blühende Ökosysteme verfügen, die uns einfach nicht bekannt waren. Leben kann man so ziemlich überall finden, wenn man nur genau hinschaut.

BEDROHTE HOTSPOTS

Hotspots bedecken nur 2,5 Prozent der Landfläche der Erde, beherbergen aber fast 43 Prozent der endemischen Vögel, Säugetiere und Reptilien, sowie mehr als die Hälfte der endemischen Pflanzen der Welt. Sie werden ausnahmslos von menschlichen Aktivitäten beeinträchtigt und sind dazu noch bedroht, und dennoch entwickeln sie sich ständig weiter. Einige davon könnten sich erholen, andere eher verschlechtern. In der Zwischenzeit verbessert sich unser Wissen, sowie die Überwachung und der Schutz der Biodiversität. Wissenschaftler kartieren mittlerweile genau die Biodiversitäts-Hotspots der Weltmeere. Obwohl lange nicht erfasst, sind sie ebenso wichtig.

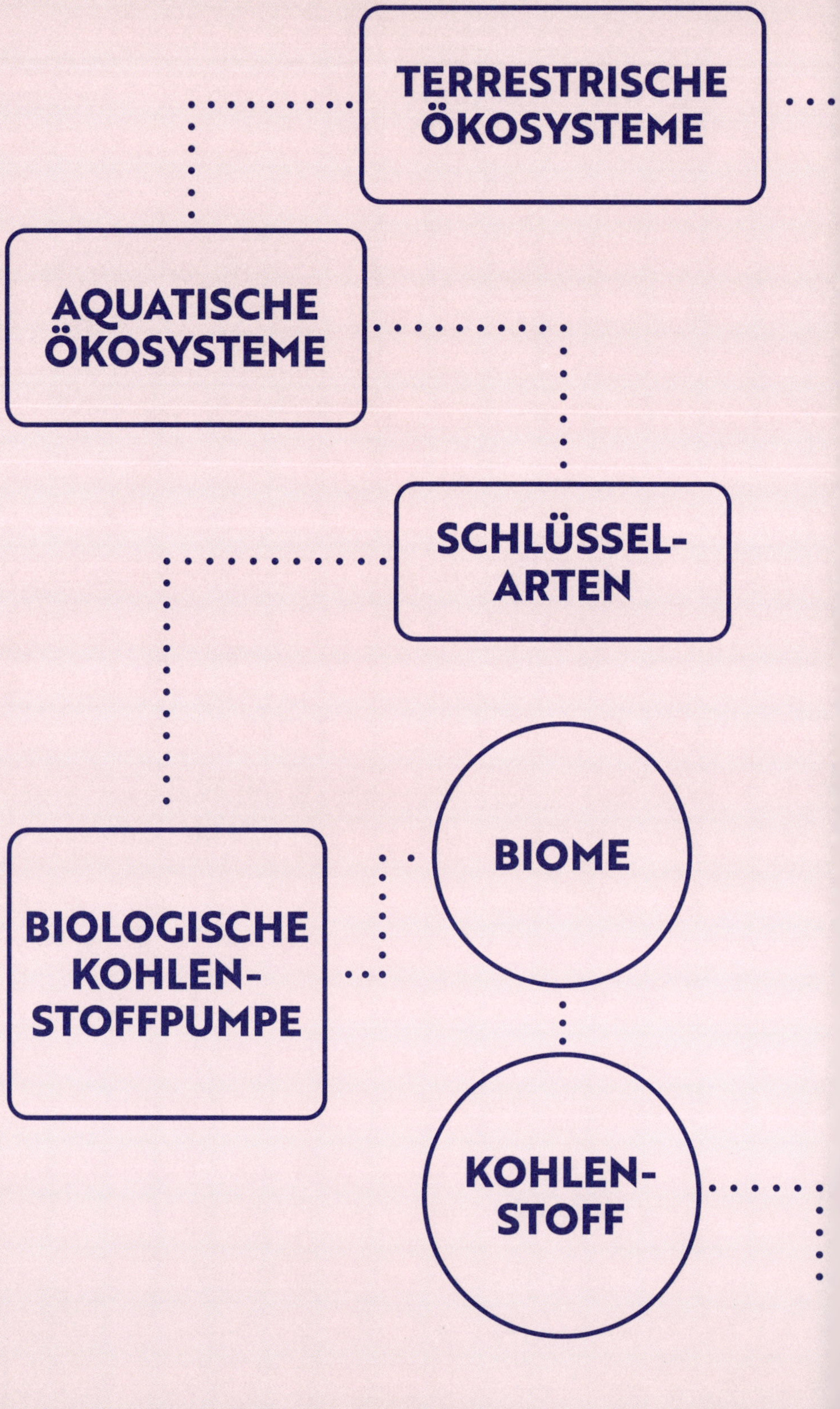
TERRESTRISCHE ÖKOSYSTEME
AQUATISCHE ÖKOSYSTEME
SCHLÜSSEL-ARTEN
BIOME
BIOLOGISCHE KOHLEN-STOFFPUMPE
KOHLEN-STOFF

KAPITEL 2

ÖKOSYSTEME

ÖKOLOGISCHE SUKZESSION

SYMBIOSE

KONFLIKT

WETTBEWERB

EINLEITUNG

Das Wort **ÖKOSYSTEM** leitet sich aus dem Griechischen Wort *oikos* für „Haushalt" ab. Ökosysteme sind autarke Komplexe aus Organismen und ihrer Umwelt, von lebender und nicht lebender Materie. Ihre wechselseitigen Beziehungen können Individuen, größere Ökosysteme und sogar den Planeten verändern. Die wichtigste energetische Währung, die in Ökosystemen ausgetauscht wird, ist Kohlenstoff. Wechselwirkungen zwischen den Arten befördern diesen Kreislauf als Grundlage des Lebens.
Während diese WechselwirkungenÖkologen bereits seit dem 19. Jahrhundert klar ist, wurde der Begriff „Ökosystem" 1935 von dem britischen Wissenschaftler Sir Arthur Tansley geprägt. Ökosysteme, schrieb er, seien die „Grundbausteine der Natur auf der Erde", und dann: „Die Organismen mögen wohl unser Augenmerk auf sich ziehen, doch bei näherer Betrachtung erweisen sie sich untrennbar von ihrer jeweiligen Umwelt, mit der sie ein physisches System bilden." Er fährt fort: „Sie sind eine Kategorie der zahlreichen physischen und physikalischen Systeme des Universums, vom Universum als Ganzes bis auf die Ebene des Atoms."
Im Jahr 1942 veröffentlichte der amerikanische Ökologe Raymond Lindeman (1915–1942) dann Forschungsergebnisse, die veranschaulichten, wie Energie und Materie mittels **TROPHISCHER DYNAMIK** fließen. Am Beispiel eines Sees in Minnesota zeigte er, wie aus **ABIOTISCHEM** Sonnenlicht durch den chemischen Prozess der Photosynthese **BIOTISCHES** Pflanzengewebe entsteht. Die angesammelte Energie durchläuft Pflanzen- und Fleischfresser und dann ein zentrales Reservoir toter Substanz, die er „Ooze" (Schlamm) nannte, bevor sie über Bakterien und Pilze wieder in das biotische System eingeht. Lindemans Beispiel unterstrich bereits die Bedeutung von Detritus (lebloser Biomasse) in einem Ökosystem.
Seine Ideen wurden durch die Arbeit von Eugene Odum (1913–2002) weiterentwickelt, der die Welt als Verbund ineinander-

greifender Ökosysteme beschrieb und in den 1950er Jahren zum Pionier der Ökosystemforschung wurde. Diese untersucht die grundlegenden Muster, Strukturen und Funktionen innerhalb von Ökosystemen, sowie die Kräfte, die auf sie wirken. Sie ist die wissenschaftliche Grundlage für die Erforschung der Produktivität von Ökosystemen bis hin zu den Faktoren, die für ihre Verarmung verantwortlich sind, dem Verlust biologischer Vielfalt und dem Klimawandel.

Ökosysteme gedeihen in einem empfindlichen Gleichgewicht von Umweltbedingungen, die durch natürliche Prozesse oder menschliche Aktivitäten beeinflusst werden können. Wenn diese Bedingungen eine als „Kipppunkt" bekannte kritische Schwelle überschreiten, kann sich das Ökosystem irreversibel verändern. Verschiebungen oder radikale Veränderungen können es in einen neuen Zustand überführen, der seine bisherige Struktur und innere Dynamik auf den Kopf stellt.

Die Ökosystemforschung entwickelte sich in der zweiten Hälfte des 20. Jahrhunderts weiter und befasst sich mit länderübergreifenden Themen wie nachhaltiger Entwicklung und Ressourcennutzung. Das in den 1970er-Jahren ins Leben gerufene Programm „Der Mensch und die Biosphäre" (MAB) hat zum Ziel, die komplexe Beziehung zwischen Mensch und Biosphäre zu entschlüsseln, und fördert Strategien und Innovationen zur Pflege der Biodiversität. Die Ökosystemforschung floss in die Ziele der Vereinten Nationen für nachhaltige Entwicklung ein, einer 2015 verabschiedeten globalen Initiative, deren Ziel der Schutz des Planeten und der Menschen ist.

Die Ökosystemforschung entwickelt sich laufend weiter und bildet zusammen mit anderen Disziplinen wie der Atmosphärenforschung und der Geophysik, selbst ein immer komplexeres Ökosystem der Wissenschaften.

ÜBERSICHT ZUR HERKUNFT DER VIELFALT

ABIOTISCH

Beschreibt die unbelebten physischen und chemischen Bestandteile einer Umwelt (wie Sonnenlicht und Boden), die lebende Organismen und Ökosysteme beeinflussen.

KOHLENSTOFFKREISLAUF
Der ständige Kreislauf von Kohlenstoff zwischen lebenden und nicht lebenden Dingen und der Umwelt.

KOHLENSTOFFSENKE
Kohlenstoffspeicher außerhalb der Atmosphäre, z. B. Wälder, Permafrostböden und die Tiefsee.

KOHLENSTOFF

BIOLOGISCHE PUMPE
Eine Reihe von Prozessen, durch die Kohlenstoff zum Meeresboden gelangt und von der Atmosphäre ferngehalten wird, unter anderem durch Nahrungsketten und sinkende (stürzende) Kadaver.

PHOTOSYNTHESE
Chemischer Prozess, bei dem Pflanzen die Lichtenergie der Sonne nutzen, um Kohlendioxid und Wasser in Glukose und Sauerstoff umzuwandeln.

SUKZESSION
Prozess, bei dem die Zusammensetzung der Arten innerhalb eines Ökosystems schwankt oder sich vollständig verändert – in der Regel in Richtung größerer Vielfalt.

NATUR

ÖKOSYSTEM

Biologisches System aus einer Gemeinschaft von Organismen die miteinander und mit ihrer bestimmten Umgebung interagieren.

ZWISCHENARTLICHE BEZIEHUNG
manifestiert sich als Symbiose (beide Arten profitieren), Probiose (eine Art profitiert) oder Parasitismus (eine Art schadet der anderen)

SYSTEME

BIOTISCH
Beschreibt die lebenden Organismen innerhalb eines Ökosystems, so wie Pflanzen, Tiere, Pilze und Bakterien.

NAHRUNGSKETTE
Abfolge (normalerweise ein lineares Schema) der Nahrungsbeziehungen zwischen Organismen. Jedes Lebewesen ist Teil vieler Nahrungsketten.

NAHRUNGSNETZ
zeigt die Beziehungen zwischen verschiedenen Arten, beinhaltet alle Nahrungsketten in einem Ökosystem..

BIOM
Gemeinschaft lebender Organismen, die sich aus der physischen Umwelt heraus entwickelt hat und in der Regel ein großes Gebiet umfasst.

TROPHISCHE KASKADE
Phänomen, bei dem ein Ökosystem durch das Auftreten oder den Verlust eines Spitzenprädators aus dem Gleichgewicht gerät.

TROPHISCHE DYNAMIK
Vom Ökologen Raymond Lindeman entwickelte Theorie welche die Energieübertragung von einer Trophiestufe auf eine andere beschreibt.

TROPHIESTUFE
Die Position eines lebenden Organismus in einer Nahrungskette, einem Nahrungsnetz oder einer Nahrungspyramide.

SPITZENRÄUBER
An der Spitze einer Nahrungskette, deren Auftreten oder Verschwinden verheerende Folgen für ein Ökosystem hat.

KONKURRENZ
Rivalität zwischen Organismen um begrenzte Ressourcen; zwischen Individuen einer Art (intraspezifisch) und zwischen verschiedenen Arten (interspezifisch).

SCHLÜSSELARTEN
Organismus (in der Regel ein Spitzenprädator),der einen großen Einfluss auf ein Ökosystem ausübt, insbesondere auf ein Ökosystem, das für das Überleben anderer Arten wichtig ist.

NISCHE
Spezifische Rolle, die ein Organismus in einer ökologischen Gemeinschaft spielt

Wann wird der Fluß zum Ozean?

→ Das ist – naheliegenderweise – eine Frage des Salzgehalts und der Größe. Flüsse und Ozeane sind beides aquatische Ökosysteme. Sie sind miteinander verbunden, denn Ressourcen fließen vom Land ins Meer und umgekehrt, aber der Salzgehalt macht den Unterschied.

Ein Ökosystem ist ein System der Wechselbeziehungen zwischen biotischen und abiotischen oder lebenden und nicht lebenden Dingen: Tiere, Pflanzen, Pilze und Bakterien sind alle mit Gesteinen, Luftströmungen, Regen und so weiter verbunden. Die Grenzen zwischen Ökosystemen verschwimmen, denn sie wirken weit und breit. Ökosysteme sind überall und in unterschiedlichen Größenordnungen. Ein Baum ist ein Ökosystem, das Leben aus seiner Umgebung schöpft und Vögeln, Insekten und Pflanzen ein Zuhause bietet. Wenn sich ein Zebra auf dem Savannenboden wälzt, schafft es ein Ökosystem im Sand. Ein Fluss ist ein Ökosystem; ebenso das kleine Fleckchen Erde an seinem Ufer. Ökosysteme werden in zwei Gruppen unterteilt, terrestrische und aquatische. Terrestrische Ökosysteme findet man an Land, während aquatische Ökosysteme an Gewässer gebunden sind, so wie Seen, Flüsse, Feuchtgebiete und Ozeane. Diese Kategorien können weiter unterteilt werden. Limnische oder Süßwasserökosysteme wie Flüsse gehören zu den aquatischen Ökosystemen. Die marinen oder Meeresökosysteme, die reich an gelöstem Salz sind, bedecken 70 Prozent der Erde.

Unterschiedliche Ökosysteme werden in größeren Landschaftseinheiten zusammengefasst, den Biomen. Diese mosaikartigen Großlebensräume unterscheiden sich durch ihre Tier- und Pflanzenwelt sowie durch ihr jeweiliges, regionales Klima. Landbiome werden gemäß ihrer Temperaturen sowie ihres Licht- und Niederschlagsniveaus kategorisiert, da diese Faktoren sehr unterschiedliche Pflanzen begünstigen. Die Artenvielfalt nimmt in der Regel in wärmeren, feuchteren Klimazonen zu, man denke an die tropischen Regenwälder. Savannen-Biome, die 60 Prozent Afrikas bedecken, zeichnen sich durch geringe Niederschläge, saisonale Brände und Grasflächen aus, auf denen Elefanten und Zebras grasen. Das subarktische Taiga-Biom hat dichte Nadelwälder und kälteresistente Tiere. Das aquatische Biom ist das größte der Welt, es umfasst alle Ozeane und Binnengewässer.

Zurück zu unserem Fluss, der sich durch einen Wald zum Meer schlängelt: Von seinem Ursprung als Niederschlag in den Bergen hat er entlang seines Weges zahllose aquatische und terrestrische Ökosysteme mit Sauerstoff und Nährstoffen versorgt. Salz fließt in den Ozean und verbleibt dort, und das Süßwasser-Ökosystem wird marin. Wellen brechen sich am Ufer und speisen Nährstoffe in Felsbecken an Land. Alles ist miteinander verbunden.

SALZGEHALT DER OZEANE

Was macht die Ozeane so salzig? Der Regen, der Süßwassersysteme wie Bäche und Flüsse speist, enthält Kohlendioxid aus der Atmosphäre, was ihn sauer macht. Fließgewässer zersetzen Gestein und transportieren gelöste Mineralien wie Salz ins Meer. Der Ozean nimmt alles auf und lagert einen Teil als Sediment am Meeresboden ab. Auch von unten gelangt Salz in den Ozean. Heiße Quellen im Meeresboden, die sogenannten Raucher, speien Wasser mit aus der Erdkruste gelösten Mineralien aus, auch Salz gehört dazu.

Was passiert wenn ein Wal stirbt?

→ Ein toter Wal kann hundert Jahre lang Lebensgrundlage für eine Vielzahl an Lebensformen sein. Der Kadaver gibt Nährstoffe zurück in das Ökosystem, aus dem er entstammt und das Wachstum neuer Nahrungsnetze vom Meeresgrund aus ankurbelt.

Energie und Materie werden innerhalb von Ökosystemen erhalten und zwischen Organismen übertragen. Materie wird recycelt, während Energie hindurchfließt.
Wenn ein Wal stirbt, fällt oder „stürzt" er durch die Wassersäule und setzt Energie und Nährstoffe frei. Falls sich der Wal aufbläht und an der Oberfläche treibt, fressen zuerst Haie und Seevögel. Am Meeresboden machen sich Aasfresser wie Schleimaale und hungrige kleine Krebse über das Fleisch her, dann folgen knochenfressende Würmer und Mikroorganismen..
Nährstoffe und Energie durchlaufen Ökosysteme in einer Abfolge trophischer Ebenen oder Trophiestufen. Die Energie der meisten Ökosysteme stammt aus dem Sonnenlicht. Pflanzen oder Phytoplankton wandeln dieses durch Photosynthese in Zucker für andere Organismen um. Diese Erzeuger energiereicher Biomasse nennt man Produzenten. Tiere, die ihre Energie durch Nahrungsaufnahme erhalten, werden als Konsumenten bezeichnet. Pflanzenfresser sind Primärkonsumenten, Fleischfresser fressen Pflanzenfresser und Allesfresser wie Bären und Menschen
verspeisen beide. Bakterien und Pilze sind Destruenten. Sie zersetzen abgestorbene Pflanzen und Tierkadaver und machen so Nährstoffe im Ökosystem wieder verfügbar. Organismen bilden über Trophiestufen hinweg Nahrungsnetzwerke sowie sich überlappende Nahrungsketten von Produktion und Verbrauch. Je mehr Verbindungen innerhalb und zwischen Nahrungsnetzwerken bestehen, desto widerstandsfähiger und produktiver wird das System. Dieser Prozess ist so komplex wie ineffizient: Nur etwa 10 Prozent der in einer trophischen Ebene enthaltenen Energie schaffen es bis zur nächsten. Energie geht durch Wärme verloren, in Form unverdauter Nahrung oder durch Tiere, die einfach an Altersschwäche sterben. Untersuchungen deuten darauf hin, dass eine größere Biodiversität von Pflanzen und Tieren Ökosysteme effizienter und produktiver macht: mehr Energieeinspeisung setzt mehr Energie frei.
Unser Wal war einst Teil eines Ökosystems. Als konzentrierte Nahrungsquelle wird sein Kadaver nun im Prinzip selbst zu einem solchen. Wissenschaftler finden sogenannte Walstürze selten, studieren sie aber gerne, und in den letzten Jahren wurden absichtlich mehrere Walkadaver versenkt. So können wir ihre Auswirkungen auf die Gesundheit der Ozeane, den Klimawandel und sogar die Evolution besser verstehen lernen..

WALSTURZ

Der Tod sorgt für außergewöhnlich komplexe Ökosysteme. Wenn ein Walkadaver in mehr als 1.000 Metern Tiefe auf den Meeresboden sinkt, spricht man von einem Walsturz. Dort unten, wo Mangel an Nährstoffen herrscht, sind Walkörper ein wahres Füllhorn. Tierkadaver liefern in der Regel weit mehr Energie und Nährstoffe als Pflanzen, und Forschungsergebnisse deuten darauf hin, dass sie außerdem als Zufluchtsorte und sogar als evolutionäre Wiegen für Tiefseeorganismen dienen können. Wissenschaftler können Kadaver als Indikatoren für den Gesundheitszustand eines Ökosystems nutzen.

Was verbindet eine Pflanze mit einem Vulkan?

→ Es ist der Kohlenstoff, Baustein allen Lebens auf der Erde. Kohlenstoff bewegt sich in einem endlosen, stetigen Kreislauf um die Welt, bewegt von Lebewesen und nicht lebendigen Dingen, wie Vulkanen und kollidierenden Erdplatten.

Das Leben auf unserem Planeten existiert nur dank des Kohlenstoffs. Kohlenstoffatome binden sich leicht an andere und bilden so komplexe Moleküle wie Proteine. Aufbrechende Kohlenstoffbindungen liefern Energie für eine Vielzahl biologischer Prozesse. Überall auf der Welt wird unablässig Kohlenstoff übertragen, zwischen Speichern lebender und nicht lebender Dinge, von der Atmosphäre in Ozeane, Böden, Pflanzen, Tiere und Mikroben. Das ist der Kohlenstoffkreislauf. In der Atmosphäre kommt Kohlenstoff normalerweise in Form von Kohlendioxid oder Methan vor.

Der Ozean absorbiert Kohlendioxid aus der Atmosphäre und speichert es in der Tiefe, nachdem es abgekühlt und gesunken ist. Orte, die Kohlenstoff außerhalb der Atmosphäre speichern, wie Wälder, Permafrost und die Tiefsee, nennt man Kohlenstoffsenken.

Organismen bewegen den Kohlenstoff zügig durch die verschiedenen Speicher. Pflanzen nehmen ihn durch Photosynthese aus der Atmosphäre auf, lagern ihn entweder im Boden ein oder geben ihn beim Verrotten wieder an die Atmosphäre ab. Tiere nehmen Kohlenstoff aus Pflanzen auf und geben ihn durch Atmung oder wenn sie sterben an die Atmosphäre ab.

Ökosysteme sind eng mit dem Kohlenstoffkreislauf verbunden. Die Menge des atmosphärischen Kohlenstoffs beeinflusst wie viele Pflanzen wachsen können, aber sie verändert auch das Klimasystem. Wenn die Ozeane mehr Kohlenstoff aufnehmen, versauern sie, was sich auf das Leben im Meer auswirkt. Ozeane, Biosphäre und Atmosphäre sind Teil eines riesigen Kohlenstoffspeichers.

Vulkane und andere tektonische Prozesse zirkulieren Kohlenstoff im Zusammenspiel mit chemischen Reaktionen über noch viel größere Zeiträume. Vulkanausbrüche und kollidierende Erdplatten setzen Kohlendioxid frei. Der größte Teil des Kohlenstoffs der Erde ist in Gesteinen gespeichert. Er wird im Laufe der Zeit durch Verwitterung freigesetzt, und gelangt schließlich in die Ozeane. Diese unterschiedlich schnellen Kohlenstoffkreisläufe haben den Kohlenstoffhaushalt im Laufe der Erdgeschichte stabilisiert.

Fossile Brennstoffe sind Überreste kohlenstoffbasierten Lebens, das seit Jahrmillionen unter der Erde begraben lag. Seit der Mensch in der industriellen Revolution damit begann, fossile Brennstoffe zu verwenden, haben wir den Kohlenstoffgehalt in der Atmosphäre drastisch erhöht. Da dieser die Erdtemperatur mitreguliert, heizt sich unser Planet auf, und zwar rasant.

Jüngste Erkenntnisse deuten darauf hin, dass die tierische Artenvielfalt eine wichtige Rolle für den Kohlenstoffkreislauf spielt und dass eine größere Vielfalt insbesondere an großen Tieren mehr Kohlenstoff aus der Atmosphäre binden kann. Eine größere Artenvielfalt sorgt also für einen besser ausbalancierten Planeten.

BIOLOGISCHE KOHLENSTOFFPUMPE

Die Ozeane enthalten 50-mal mehr Kohlenstoff als die Atmosphäre. Sich abkühlender Kohlenstoff wird zum Meeresboden gezogen, in einem Prozess, der als biologische Pumpe bezeichnet wird. Beginnend beim Phytoplankton an der Oberfläche gelangt der Kohlenstoff dann durch die Nahrungsketten der Ozeane nach unten. Kadaver sinken direkt auf den Meeresboden. Jede Nacht wandern riesige Mengen von Organismen aus der Tiefe in höhere Wasserschichten, um sich zu ernähren, und kehren dann in die Dämmerungszone des Ozeans zurück. Diese sogenannte Vertikalwanderung ist die größte Migrationsbewegung des Planeten. Andere organische Stoffe sinken als Meeresschnee in die Tiefe.

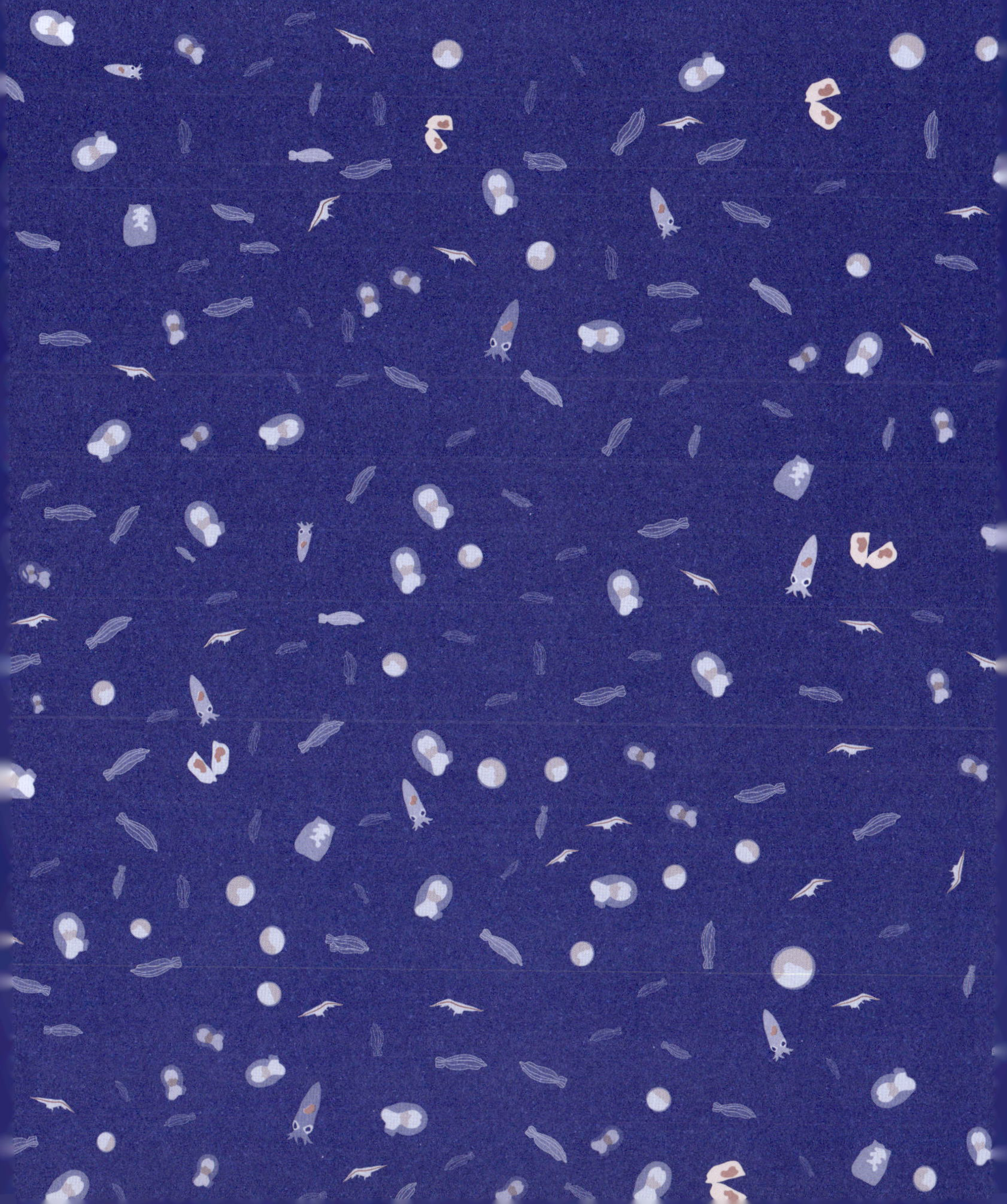

Ist ein Hai wichtiger als eine Kammmuschel?

In gewisser Hinsicht, ja. Alle Arten erfüllen eine ökologische Funktion, aber manche prägen das Ökosystem maßgeblich. Zu diesen sogenannten Schlüsselarten gehören oft Spitzenräuber wie die Haie.

Jeder Organismus im Ökosystem hat eine Rolle zu spielen, doch wenn eine Schlüsselart verschwindet, gerät alles aus dem Gleichgewicht. Das Ökosystem ändert sich dann entweder dramatisch oder bricht gleich ganz zusammen. Bei Schlüsselarten handelt es sich oft, aber nicht immer, um Spitzenräuber, die einen der obersten Ränge in der Nahrungskette einnehmen. Raubtiere ernähren sich von kranker oder verletzter Beute und halten so die Gesamtpopulation gesund. Die indirekten Auswirkungen ihrer Ernährung wirken tief ins Nahrungsnetz und halten das Ökosystem im Gleichgewicht. Dieser Prozess ist als trophische Kaskade bekannt. Zum Beispiel fressen Hammerhaie Kuhnasenrochen, die sich von Muscheln wie Austern und Jakobsmuscheln ernähren. Im Jahr 2004 brachen die Hammerhai-Populationen vor der Ostküste Nordamerikas zusammen und infolgedessen explodierten die Populationen der Kuhnasenrochen. Diese dezimierten wiederum die Populationen der Austern und Jakobsmuscheln, was dann die Schalentierindustrie North Carolinas in Knie zwang.
Doch hier geht es nicht nur um Raubtiere. Auch Präriehunde sind Schlüsselarten. Diese pflanzenfressenden kleinen Nager legen riesige, komplexe unterirdische Kolonien an. Ihre Tunnel bieten Klapperschlangen, Hasen und Kaninchenkäuzen Schutz. Während Präriehunde sich durch den Boden wühlen, lockern und düngen sie diesen. Das fördert die Vegetation, die wiederum Büffel und Elche ernährt.
Diese Arbeit macht Präriehunde zu Ökosystemingenieuren und damit zu einer Schlüsselart, von der über 130 andere Arten abhängen. Zu ihrem Unglück dienen Präriehunde dazu noch als Nahrung für Adler, Kojoten und eine Vielzahl anderer Tiere. Mutualistische Schlüsselarten leben in Partnerschaft mit einer oder mehreren anderen Arten. Oft geht es dabei um Bestäubung. Eine Pflanze bietet Nahrung und ihr Bestäuber sorgt für die Verbreitung. Der Niedergang eines Mutualisten würde sich auf den anderen auswirken und das gesamte Ökosystem beeinflussen. Zurück im Wasser ist der Hai kein Einzelfall. Auch andere Fische können Schlüsselarten sein.
Nehmen wir nur die Lachse, die jährlich zum Laichen flussaufwärts wandern und dann sterben. Sie fressen Insekten und regulieren Populationen. Wölfe, Bären und Vögel fressen die Fische auf ihrem Weg. Lachskadaver setzen Nährstoffe frei und düngen den Boden. Lachse lassen ganze Wälder gedeihen; fraglos ist das eine wichtige Funktion.

TROPHISCHE KASKADE

Ein Musterbeispiel für eine trophische Kaskade trug sich im Yellowstone-Nationalpark in Nordamerika zu. Dort wurden in den 1920er Jahren die Wölfe bis zur Ausrottung gejagt, woraufhin sich die Elche vermehrten. Diese dezimierten Pflanzen wie die Weiden, auf welche die Biber im Winter als Baumaterial angewiesen waren, und so verschwanden die Biber. 1995 begannen Ökologen mit der Wiedereinführung von Wölfen. Jetzt sind die Elchpopulationen ausgeglichener und weil es wieder mehr und größere Weiden gibt, sind auch die Biber sind zurückgekehrt. Diese Ökosystemingenieure bauen jetzt Dämme, was wiederum den Weidenwurzeln Zugang zum Wasser erleichtert und so das Wachstum der Bäume fördert.

Wie geht der Schmetterling mit seiner Konkurrenz um?

Nach der Paarung sondern manche Schmetterlingsmännchen Chemikalien ab, die ihre Geschlechtsgenossen von weiteren Begattungsversuchen abhalten sollen. Die Natur ist kein Zuckerschlecken, der Wettbewerb tobt und es geht ums Überleben.

Bei so vielen Arten und begrenzten Ressourcen herrscht auf unserem Planeten unweigerlich ein harter Konkurrenzkampf. Tiere kämpfen um Nahrung, Wasser und Lebensraum. Pflanzen führen Krieg um Licht, Wasser, Mineralien und Raum für ihre Wurzeln. Konkurrenz ist fast immer nachteilig für alle Beteiligten, so tritt sie nur auf, wenn Ressourcen begrenzt sind. Jeder Organismus erfüllt eine Rolle in seiner Nische der ökologischen Gemeinschaft. Seine Nische bietet die notwendigen Lebensbedingungen, einschließlich Ressourcen, wie Wasser, Beute und Wechselbeziehungen mit anderen Faktoren. Zwei Organismen können nicht lange dieselbe Nische besetzen ohne miteinander zu konkurrieren, so lange, bis eine Art die andere auslöscht.

*Inter*spezifische Konkurrenz findet zwischen Individuen verschiedener Arten statt. Da die Konkurrenten dieselben oder sich überlappende Nischen besetzen, ist der Wettbewerb heftiger. So nehmen in Simbabwe Konflikte zwischen einigen Elefantenpopulationen und Menschen aufgrund von Dürre zu. *Intra*spezifische Konkurrenz tritt innerhalb einer Art auf, z. B. wenn zwei Hirsche mit ihren Geweihen um eine Partnerin kämpfen. Der Gewinner gibt dann seine Gene an die nächste Generation weiter.

Konflikte gibt es überall in der Natur. Raubtiere fressen Beutetiere. Geschwister greifen einander an, und Eltern und Nachkommen können sich gegenseitig zum eigenen Vorteil töten. Wespen folgen normalerweise den Anweisungen ihrer Königin, aber Wissenschaftler haben in Costa Rica beobachtet, dass sich Arbeiterwespen gegen ihre Königin auflehnen und diese töten, um die genetische Zusammensetzung der Kolonie aufzufrischen.

Sexuelle Konflikte entstehen, wenn zwei Geschlechter derselben Art unterschiedliche evolutionäre Ziele haben: Männliche Schmetterlinge wollen sich so oft wie möglich und mit möglichst vielen Partnerinnen paaren, während Weibchen wählerischer sind. Nach der Paarung hinterlassen männliche Postboten-Schmetterlinge ein Anti-Aphrodisiakum auf dem Weibchen, um zu verhindern, dass andere Männchen Interesse an ihr zeigen: ein Nachteil für die Weibchen.

Der Klimawandel könnte Konflikte zwischen Arten verschärfen, insbesondere in extremen Umgebungen mit knappen Ressourcen. Soeben bricht ein Krieg zwischen Bergziegen und Dickhornschafen um den Zugang zu natürlichen Salzlecken in den Rocky Mountains aus, wo sich Salz und andere essenzielle Mineralien abgelagert haben. Bisher scheinen die Ziegen den Oberhuf zu haben.

WETTKAMPF UM RESSOURCEN

Charles Darwin hat als Erster darauf hingewiesen, dass abiotische Komponenten wie das Klima möglicherweise maßgeblich für die Konkurrenz zwischen Arten und das Überleben in extremen Umgebungen wie im Gebirge sind. Die weltweite Gletscherschmelze aufgrund des Klimawandels eröffnet neue Ressourcen wie Salzleckstellen. Der Bau von Autobahnen verschlechtert den Zugang zu diesen Ressourcen und verschärft möglicherweise die Konkurrenz zwischen den Arten.
In den Wüsten gewinnen Elefanten den Kampf ums knappe Wasser. Werden angesichts dessen, dass der Zugang zu Trinkwasser schwieriger-wird, auch Konflikte zwischen Menschen zunehmen?

Haben Sie Lust auf einen Hai-Ritt?

→ Vielleicht eher weniger. Aber ein Schiffshalter wäre dafür zu haben. Diese Fisch-Art heftet sich an Spitzenräuber wie Haie und Mantarochen und ernähren sich von Speiseresten, während sie in dieser Probiose-Beziehung gemeinsam die Ozeane durchstreifen.

Die Natur ist mehr als nur ein Kampf jeder gegen jeden. Viele Arten leben in Beziehungen, die entweder einem oder beiden Organismen zugutekommen. Eine Symbiose liegt vor, wenn beide Arten vom Zusammenleben profitieren. Ein gutes Beispiel sind Zooxanthellen, mikroskopisch kleine Algen, die in Korallen leben und diese in leuchtenden Farben erstrahlen lassen. Die Korallen bieten den Algen eine schützende Umgebung und Nährstoffe für die Photosynthese. Als Dankeschön erzeugen die Algen Sauerstoff und entsorgen Korallenausscheidungen.

Die Schiffshalter-Fische heften sich mittels einer saugnapfartigen Kopfplatte an Haien und Mantarochen fest. Die Trittbrett fahrenden Schiffshalter erhaschen vorbei treibende Nahrungspartikel, während ihr Wirt frisst.

So eine Beziehung, in der eine Art profitiert und die andere keinen Schaden nimmt, nennt man Probiose. Allerdings kann niemand sagen, ob die anhänglichen Schiffshalter den Haien wirklich egal sind.

Dann gibt es noch den Parasitismus, bei dem eine Art der anderen schadet. In der prägnanten Beschreibung von E. O. Wilson sind Parasiten „Raubtiere, die Beute in Einheiten kleiner als Eins fressen". Die Krabbe kann einem leid tun, die zum Wirt des furchterregenden parasitären Sackkrebses *Sacculina carcini* wird. Mikroskopisch kleine Sacculina-Larven injizieren sich in das Blut der Krabbe. Der Parasit wächst, übernimmt die Kontrolle über die Krabbe, zerstört ihre Genitalien und macht sie zum Wirt einer neuen Parasitenbrut. Die Krabbe setzt die Larven frei und rührt sogar das Wasser mit ihren Scheren um, damit sie sich besser ausbreiten können.

Auch wir Menschen befinden uns in einer Reihe symbiotischer Beziehungen, manchmal ohne uns dessen bewusst zu sein. Wir haben Nutzpflanzen domestiziert, die uns ernähren, und diese dabei auf der ganzen Welt verbreitet. Wir züchten Honigbienen, die unsere Blumen und Obstbäume bestäuben. Wir beherbergen auch Billionen von Mikroben auf unserer Haut und in unserem Körper, die lebenswichtig für uns sind.

Symbiotische und andere Wechselbeziehungen geben Auskunft über die Gesundheit eines Ökosystems, Zusammenhänge, die sich über Jahrmillionen ausgebildet haben und nicht nur die Physiologie von Organismen, sondern auch ihre Interaktionen mit der Umwelt beeinflussen können. Beziehungen spielen eine entscheidende Rolle bei der Gestaltung der Biodiversität auf der ganzen Welt. Wenn wir sie verstehen, können wir Biodiversität schützen und Lebensräume erhalten.

PHORESIE

Der wissenschaftliche Begriff für das Verhalten von Organismen, die sich an andere anheften, um quasi per Anhalter zu reisen, lautet Phoresie. Dieses Phänomen ist seit der Antike bekannt und im Tierreich weit verbreitet. Zecken, Milben, Pilze und Schiffshalter, sie alle gehören zu den sogenannten Phoreten und haben ihre eigenen Methoden entwickelt. Auch Pseudoskorpione sind Phoreten. Ob Pseudo oder nicht, man möchte keinen von ihnen als als Anhängsel haben.

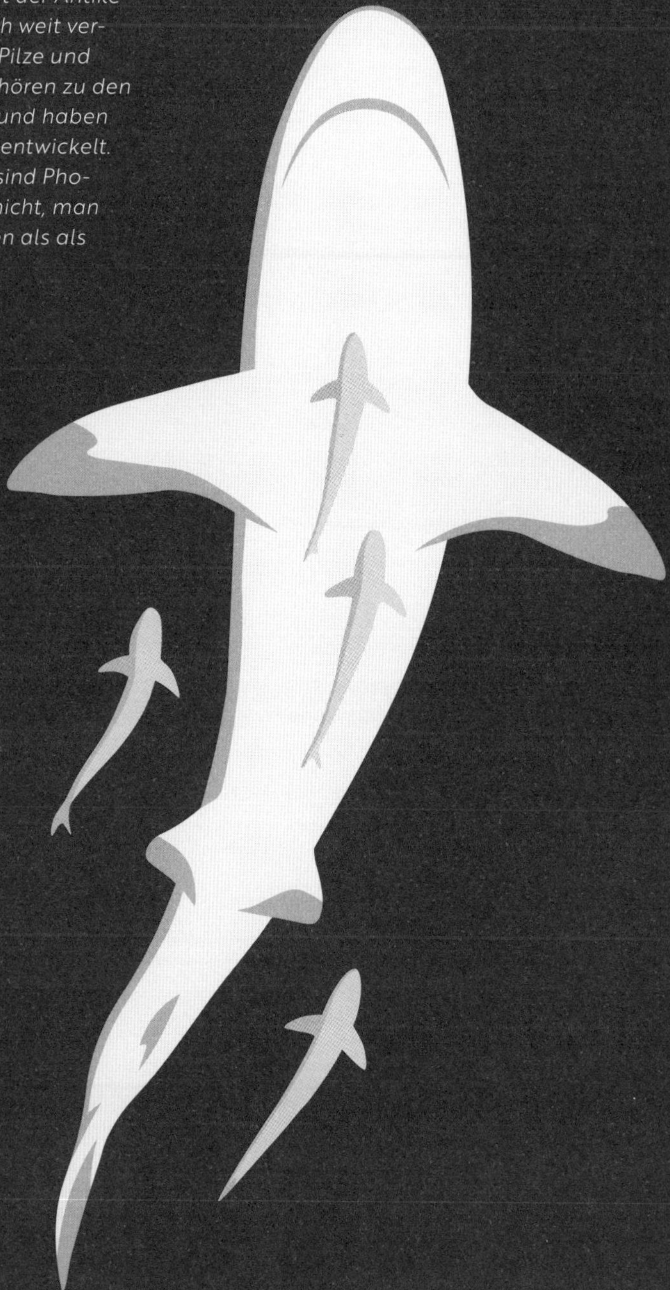

Warum haben Meeresschildkröten nicht längst die Welt erobert?

→ Babyschildkröten sind unzähligen Gefahren ausgesetzt. Nur eine von Tausend erreicht das Erwachsenenalter, denn viele Gefahren wie Raubtiere, Fischerei und Umweltverschmutzung lichten ihre Bestände.

Wie wir gesehen haben, verhalten sich die meisten natürlichen Systeme dynamisch. Ökologische Gemeinschaften verschiedener Arten kommen und gehen im Laufe der Zeit; manchmal verändern sie sich vollständig und ersetzen die vorherigen. Dieser Prozess wird als ökologische Sukzession bezeichnet.

Neues Leben kann dort wachsen, wo Ödland entsteht, etwa durch Gletscherrückgang oder nach einer extremen Störereignis wie einem Vulkanausbruch. Dann findet eine sogenannte Primärsukzession statt. Nachdem sich die Lava abgekühlt hat und ausgehärtet ist, siedeln sich erste Pionierarten wie Moose und Flechten an. Mit der Zeit nimmt die Pflanzenvielfalt zu. Es entwickelt sich Grasland, dann größere Sträucher und schließlich Bäume. Die Biodiversität wird komplexer, bis hin zu einer Klimax-Gemeinschaft, ein komplexes Ökosystem im Gleichgewicht, wie etwa ein Sequioen-Wald.

Eine Sekundärsukzession tritt auf, wenn die Störung nicht massiv genug ist, um alles vorherige Leben auszulöschen, wie es etwa nach einem Waldbrand der Fall ist.

Auch etablierte Populationen verändern sich im Laufe der Zeit. Artbestände mit unbegrenzten Ressourcen, die dazu nicht von Raubtieren ausgedünnt werden, würden exponentiell wachsen, doch artenübergreifende Konkurrenz verhindert das. Hinzu kommen irgendwann Raubtiere, die den Bestand ihrer Beutetiere regulieren. Die Anzahl der Raub- und Beutetiere variiert dann zyklisch. Arten werden auch durch ihre Verbreitungsgebiete eingehegt. Diese können durch physische Barrieren wie Ozeane oder Gebirge begrenzt werden oder durch menschliche Infrastruktur. Ein Verbreitungsgebiet kann auch dadurch eingeschränkt werden, dass eine Art in Symbiose lebt und zur Verbreitung ihre Partnerart braucht. Hauptsächlich aber hängen Verbreitungsgebiete von klimatischen Bedingungen ab.

Meeresschildkröten existieren seit über 110 Millionen Jahren, aber sie haben weder den Planeten, noch die Ozeane erobert. Hungrige Krabben und Vögel machen Jagd auf sie, ebenso der Mensch. Illegaler Schildkrötenhandel, kommerzielle Fischerei und die Plastikverschmutzung der Meere sind neue Bedrohungen ihrer Existenz. Aber es gibt auch gute Nachrichten. Die Erforschung der Entstehung und des Niedergangs ökologischer Gemeinschaften, kann Wissenschaftlern dabei helfen, geschädigte Lebensräume zu erhalten oder wiederherzustellen. Bewirtschaftungsmethoden wie das kontrollierte Niederbrennen von Wäldern können auch dazu beitragen, Ökosysteme stark und die Artenvielfalt auf einem hohen Niveau zu halten.

DARWINSCHE DÄMONEN

Das Leben wird durch sogenannte evolutionäre Kompromisse eingeschränkt. So kann sich eine Eigenschaft nicht wesentlich weiterentwickeln, ohne eine andere zu verschlechtern. Ein klassisches Beispiel ist das Verhältnis von Fortpflanzungsrate und Lebensdauer. Tiere, die sich stärker vermehren, haben meist eine kürzere Lebenserwartung. Ohne diese Limitierungen könnten sich Organismen theoretisch so weit verbessern, dass sie in jedem Lebensraum leben, sofort gebären, eine Unzahl an Nachkommen zeugen und niemals sterben würden. Diese hypothetischen Wesen werden als „Darwinsche Dämonen" bezeichnet und sie sind ein Ding der Unmöglichkeit.

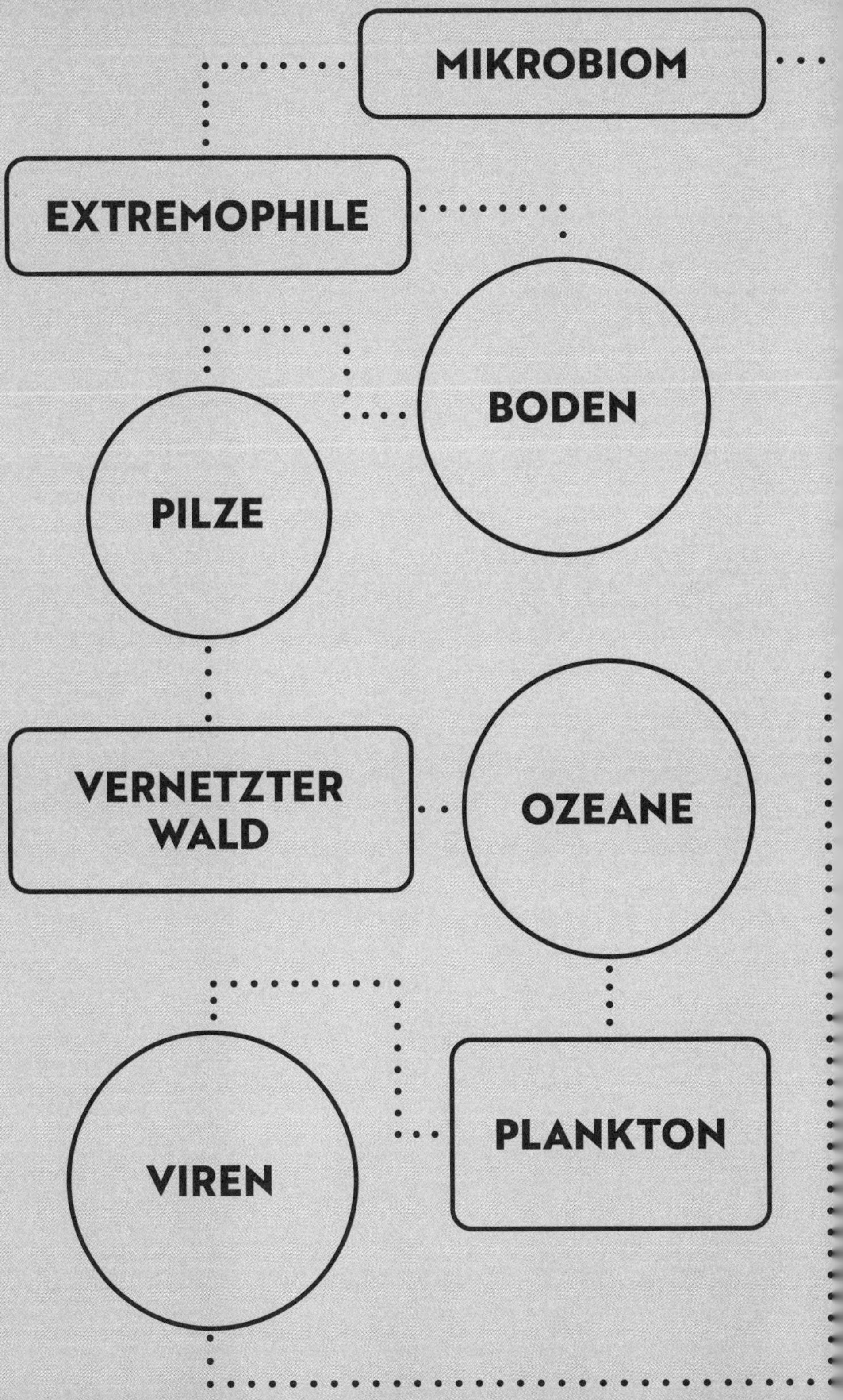
MIKROBIOM
EXTREMOPHILE
BODEN
PILZE
VERNETZTER WALD
OZEANE
PLANKTON
VIREN

KAPITEL 3

UNSICHTBARE WELT

MIKROBEN

DIE VIROSPHÄRE

GENETISCHER TRANSFER

EINLEITUNG

Antoine van Leeuwenhoeks erste Liebe galt Stoffen. Der niederländische Tuchhändler (1632–1723) fertigte immer leistungsstärkere optische Linsen an, um die Qualität seiner Fäden beurteilen zu können. Mit diesen frühen Mikroskopen entdeckte er eine neue Welt voller winziger Organismen.

Van Leeuwenhoek beschrieb zahlreiche Mikroben, die er „Animalcules" nannte. Als erster Mensch beobachtete er Bakterien im Zahnbelag seiner eigenen Zähne und schrieb 1683: „Sodann sah ich voll Staunen stets, dass sich in jener Materie sehr viele und sehr kleine lebendige Tierchen gar anmutig bewegten."

Die Erde gehört den Mikroben, und wir werden auf ihr gedul-det. Mikroorganismen waren die ersten Lebewesen auf unserem Planeten und sie werden noch lange da sein, wenn wir Menschen verschwunden sind. Der griechische Philosoph Anaxagoras (500–428 v. Chr.) vertrat in seiner Hypothese der **PANSPERMIE** die Ansicht, dass „Samen des Lebens" zwischen den Welten reisen können. 1903 schlug der schwedische Wissenschaftler Svante Arrhenius vor, dass Mikroben mithilfe von Sternenstrahlung durch den Weltraum reisen könnten. Diese Ideen gelten zwar immer noch als exotisch, werden jetzt aber ernsthafter peprüft.

Mit kontrollierten chemischen Prozessen haben Mikroben unseren toten Planeten wachgeküsst. Die **MIKROBIOTA** der Erde, bestehend aus Bakterien, Algen, Pilzen, **PROTOZOEN**, **ARCHAEEN** und Viren, regulieren biogeochemische Kreisläufe auf der Erde und helfen bei der Übertragung von Wasser, Sauerstoff, Kohlenstoff, Stickstoff, Schwefel und Phosphor. Astrobiologen, die nach Leben auf **EXOPLANETEN** suchen, spüren chemischen Signaturen nach, die darauf hindeuten könnten, dass außerirdische Mikroben anderswo mit ähnlichen Tricks arbeiten.

Wie viele Mikroben genau auf unserem Planeten leben, ist immer noch umstritten. Aber sie machen höchstwahrscheinlich den Großteil der Biodiversität auf der Erde aus. Es gibt schätzungsweise 7,7 Millionen Tierarten und bis zu einer Billion Arten von Prokaryoten (Bakterien und Archaeen). Die Gesamtzahl der mikrobiellen Zellen könnte bei etwa einer Quintillion (10^{30}) liegen, eine Zahl größer als die Anzahl der Sterne im bekannten Universum.

Wo sind sie alle? Ein mikrobieller Grundsatz, der vom niederländischen Botaniker Baas Becking (1895–1963) aufgestellt wurde, „Alles ist überall, aber die Umwelt wählt aus", besagt, dass Mikroben grundsätzlich kosmopolitisch sind und überall leben könnten. Heute geht man davon aus, dass sie in verschiedenen Gemeinschaften in bestimmten Teilen der Welt existieren. Menschen, Haushalte und Städte, sie alle haben ein einzigartiges **MIKROBIOM**.

Wissenschaftler gehen davon aus, dass wir noch immer sehr wenig über die mikrobielle Vielfalt wissen. Je mehr wir über Mikroben lernen, desto klarer wird, wie unverzichtbar sie sind. Neue und besorgniserregende Erkenntnisse deuten darauf hin, dass sie weltweit aussterben – und zwar schnell. Die Pilze in den europäischen **MYKORRHIZEN** könnten innerhalb eines Jahrhundert um 45 Prozent zurückgegangen sein, wie das Verschwinden ihrer Fruchtkörper bezeugt.

Forscher arbeiten mit Hochdruck daran, Mikroben zu kartieren, Proben zu nehmen, sie zu beschreiben und zu erhalten. Das Leben der Mikroben beeinflusst nun die Wiederherstellung von Ökosystemen. Bodentransplantationen zur Wiederherstellung unterirdischer Mikrobiome zeigen vielversprechende erste Ergebnisse. Mikroben bilden ein lebenserhaltendes System für unseren Planeten, an dessen Stärkung von Grund auf wir arbeiten.

ÜBERSICHT DER UNSICHTBAREN WELT

MIKRO

MIKROBIOM

Sammelbegriff für die Mikroorganismen sowie deren Genome, die symbiotisch auf oder in größeren Wirten leben.

HOLOBIONT (GESAMT-LEBEWESEN)

Symbiotische Gemeinschaft verschiedener Organismen, bestehend aus einer Wirtsart und ihren Mikroben. Wird als evolutionäre Einheit betrachtet.

INTERSTELLAR

EXOPLANETEN
Planeten, die außerhalb unseres Sonnensystems gefunden wurden.

PANSPERMIE-HYPOTHESE
Theorie des griechischen Philosophen Anaxagoras (ca. 500–480 v. Chr.), dass sich „Samen des Lebens" im Weltraum ausbreiten können.

MYKORRHIZA
Umfangreiches unterirdisches Netzwerk aus symbiotischen Pilzen in Böden, über das Pflanzen mit ihrer Umwelt und untereinander kommunizieren.

RHIZOSPHÄRE
Bodenbereich mit hoher Biodiversität, der in der Nähe der Pflanzenwurzeln zu finden ist und Millionen von Mikroben enthält.

ZELLULÄR

MICROBIOTA
Riesige Gruppe von Bakterien, Viren und anderen Mikroben.

VIROSPHÄRE
Gesamtheit der Räume in denen Viren vorkommen, bezieht sich jetzt auch auf die verschiedenen Viren, die Wirtsarten und -umgebungen bewohnen.

PROKARYOT
Einzelliger Organismus wie Bakterien ohne Zellkern (die DNA befindet sich im Zytoplasma).

ARCHAEEN
Einzellige prokaryotische Mikroorganismen, die in Größe und Struktur Bakterien ähneln.

EXTREMOPHILE
Organismen, die in extremen Umgebungen überleben können, die man einst für unbewohnbar hielt (z. B. hydrothermale Quellen).

EUKARYOT
Organismus aus Zellen mit Zellkern, wie Pflanzen, Tiere, Pilze und viele einzellige Organismen.

PROTIST
Einzelliger eukaryotischer Organismus, der weder Tier noch Pflanze oder Pilz ist.

PROTOZOEN (URTIERCHEN)
Tierähnliche Organismen, die sich von organischen Stoffen wie anderen Mikroorganismen oder Ablagerungen ernähren. Beispiele sind Amöben und Augentierchen.

MIKROALGEN
Photosynthetische Organismen, die in Gewässern leben.

MIKROBIELLE SCHELEIFE
Beschreibt einen trophischen Weg in aquatischen Systemen, bei dem gelöster organischer Kohlenstoff von Mikroben auf höhere trophische Ebenen wechselt.

PHYTOPLANKTON
Mikroskopisch kleine photosynthetische Organismen, zu denen Bakterien, Algen und Pflanzen gehören, die die Grundlage des aquatischen Nahrungsnetzes bilden.

Sollte man täglich duschen?

→ Vielleicht besser nicht. Der Mensch ist überall von Mikroben besiedelt – innen und außen. Tatsächlich besteht unser Körper zur Hälfte aus Mikroben. Unsere Nahrung kann dieses Mikrobiom verändern, ebenso die tägliche Dusche.

Eine außerordentlich große Anzahl von Mikroben-Gemeinschaften lebt auf und in uns und anderen Tieren und Pflanzen. Der Sammelbegriff für Mikroorganismen, genauer gesagt das Genom der Mikroorganismen, die in Symbiose mit größeren Wirten leben ist das Mikrobiom. Dabei wird immer deutlicher, dass unser Mikrobiom für unsere körperliche und geistige Gesundheit von entscheidender Bedeutung ist.
Tatsächlich sind wir mehr Mikrobe als Mensch. Untersuchungen deuten darauf hin, dass mehr als die Hälfte der Zellen im Menschen aus Mikroben bestehen. Pilze, Bakterien, Archaeen, Protisten und Viren besiedeln in einer bunten Mischung von Kolonien unseren Darm, den Mund, die Haut und andere Nischen. Wir übernehmen diese Mikrobengemeinschaften aus unserer Umwelt, viele davon während der Geburt, und ihre Zusammensetzung ändert sich im Laufe unseres Lebens. Unser Mikrobiom ist für unsere Gesundheit von entscheidender Bedeutung. Es beeinflusst unser Immunsystem, den Stoffwechsel und wie wir altern.
Hinweise mehren sich, dass ein Ungleichgewicht in unserer Darmflora, bekannt als Dysbiose, mit einer Vielzahl von körperlichen und psychischen Erkrankungen in Verbindung steht, darunter Fettleibigkeit, Krebs, Autismus und Alzheimer. Ein ungesundes Hautmikrobiom kann neue Allergene durchdringen lassen, was zur Entwicklung von Allergien führt.
Eine Ernährungsumstellung kann die Zusammensetzung der in unserem Darm lebenden Mikroben verändern. Den neuen Mikroben verlangt es dann nach entsprechenden Lebensmitteln, und so wird der Verzehr von Burgern und Hot Dogs wahrscheinlich Gemeinschaften anziehen, die noch mehr ungesunde Lebensmittel wollen. Das Waschen unserer Haut mit Seifen und anderen Kosmetika könnte sich auf unser Hautmikrobiom auswirken, auch wenn die Wissenschaft hier noch ein wenig schwammig ist. So wie andere Ökosysteme von menschengemachten oder Naturkatastrophen betroffen sind, können auch unsere mikrobiellen Gemeinschaften unter äußeren Einflüssen leiden. Antibiotika wirken wie eine Atombombe für schädliche Mikroben, doch auch die Nützlichen können zu Kollateralschäden werden. Der übermäßige Einsatz von Antibiotika führt auch zu Resistenzen bei Bakterien.
Eine neue Darmtherapie sind Fäkaltransplantationen. Dabei wird der Stuhl eines gesunden Menschen in den Darm eines Patienten eingebracht. Der Ansatz ist vielversprechend, findet aber noch keine breite Anwendung. Bitte nicht zu Hause ausprobieren!

DER HOLOBIONT

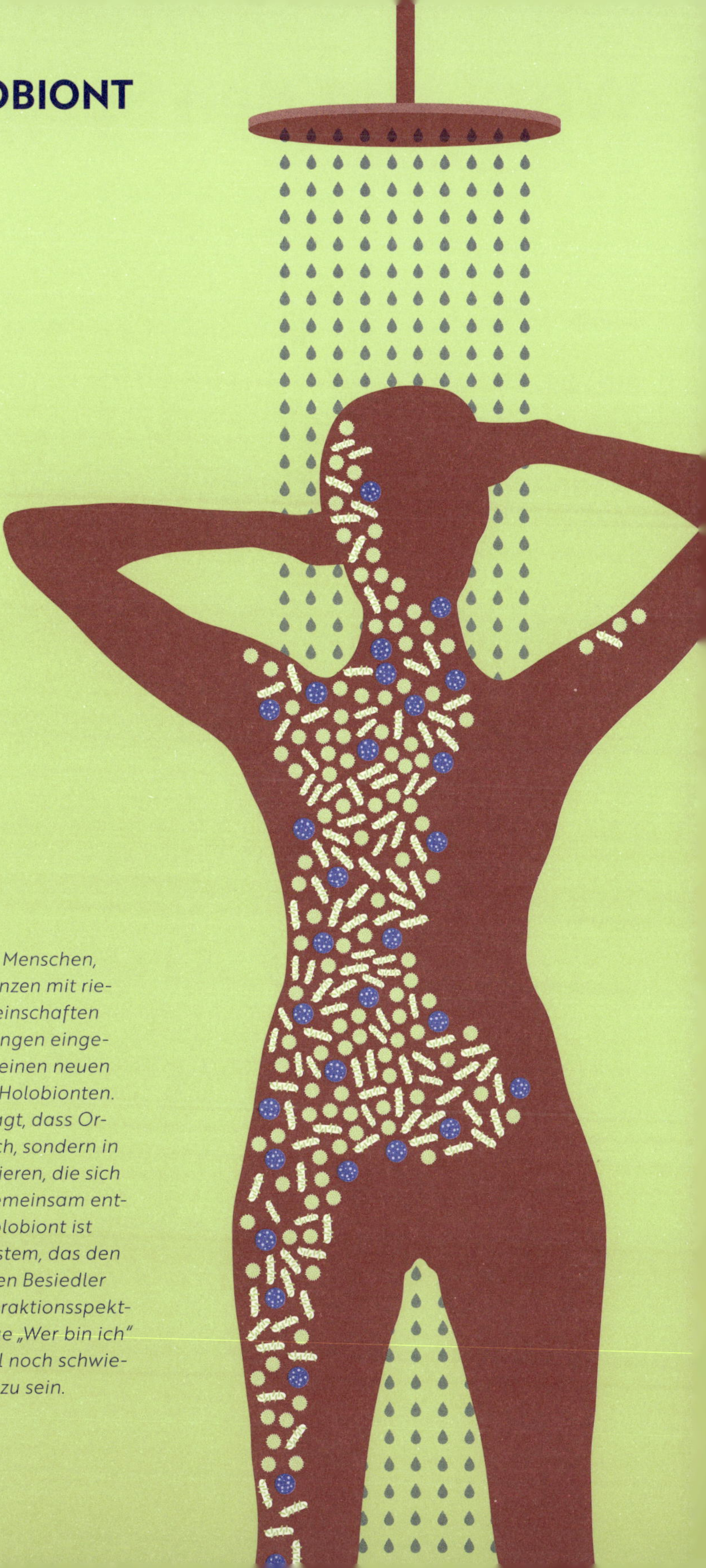

Die Entdeckung, dass Menschen, andere Tiere und Pflanzen mit riesigen Mikroben-Gemeinschaften symbiotische Beziehungen eingehen, hat der Biologie einen neuen Begriff beschert: den Holobionten. Sein Wortstamm besagt, dass Organismen nicht für sich, sondern in Partnerschaften existieren, die sich über Jahrmillionen gemeinsam entwickelt haben. Der Holobiont ist ein komplexes Ökosystem, das den Wirt, seine mikrobiellen Besiedler und ihr gesamtes Interaktionsspektrum umfasst. Die Frage „Wer bin ich" scheint mit einem Mal noch schwieriger zu beantworten zu sein.

Was färbt den Schnee so rot?

→ Mikroben! Einige Mikroorgasimen besiedeln augenscheinlich unwirtliche Orte. Zu diesen so genannten „Extremophilen" gehören farbenprächtige Algen, die im Schnee leben und seine Farbe ändern.

Einige Mikroorganismen existieren in Umgebungen, die eigentlich unbewohnbar zu sein scheinen. Diese Extremophilen tolerieren lebensfeindliche Bedingungen oder sind sogar auf sie angewiesen. Extremophile leben überall auf der Welt: Von den höchsten Vulkanen über die extrem salzigen Lithiumbecken der Atacama-Wüste bis hinunter zu den feurig-chemischen Wassern der hydrothermalen Tiefseequellen.
Psychrophile lieben die Kälte von Schnee oder Gletschern, und sie sind auf allen Kontinenten zu finden. Zu ihnen gehören die Mikroalgen, die die Hänge des japanischen Berges Asahi grün und rot färben.
Extremophile sind weit verbreitete Primärproduzenten. Sie tragen ganze Nahrungsnetze in extremen, nährstoffarmen Umgebungen wie in Wüsten oder im Schnee, in denen es sonst vielleicht gar kein Leben gäbe. Wie alle Mikroorganismen spielen auch sie eine grundlegende Rolle im Kreislauf chemischer Elemente in unserer Umwelt, einschließlich Kohlenstoff, Stickstoff, Schwefel und Sauerstoff.
Dank ihrer einzigartigern molekularen Anpassungen an das Leben in extremen Umgebungen, haben diese widerstandsfähigen Mikroben ein großes Potenzial für Medizin und Biotechnologie. Enzyme von Bakterien aus Thermalquellen halfen uns bei der Entwicklung schnellerer PCR-Tests, die während der COVID-19-Pandemie breite Anwendung fanden.
Einige Extremophile wurden zur Herstellung kommerzieller Biokraftstoffe verwendet. Wissenschaftler glauben, strahlungsresistente Extremophile könnten in Raumanzügen eingesetzt werden, um Astronauten vor UV-Strahlen zu schützen; andere könnten eines Tages bei der extraterrestrischen Landwirtschaft nützlich sein.
Extremophile verschieben die Grenzen, die dem Leben vermeintlich gesetzt sind. Die Mikrobe *Geogemma barossii* beispielsweise lebt bei bei angenehmen 121 °C, während andere Arten in Säuren mit einem pH-Wert von 0 gedeihen – für uns weniger angenehm. Diese bemerkenswerten Eigenschaften helfen Wissenschaftlern zu verstehen, wie das Leben auf der Erde entstanden sein könnte und ob es auf anderen Planeten existieren könnte. Einige Extremophile leben in den kalten, extremen Wüsten der Antarktis, also unter ähnlichen Bedingungen wie auf dem Mars. Viele Himmelskörper in unserem Sonnensystem sind extrem kalt. Unsere kälteliebenden Psychrophilen könnten Astrobiologen bei ihrer Suche nach außerirdischem Leben Hinweise geben.

ARCHAEEN

Die meisten Extremophilen sind Archaeen. Diese widerstandsfähigen Mikroben lieben lebensfeindliche Umgebungen wie heiße Quellen, aber es gibt sie so ziemlich überall. Der amerikanische Mikrobiologe Carl Woese (1928–2012) entdeckte Archaeen im Jahr 1977 und ergänzte den Evolutionsbaum des Lebens um die drei neuen Domänen Bakterien, Archaeen und Eukaryoten. Archaeen sehen aus wie Bakterien, sind aber eigentlich eukaryotischen Lebewesen wie uns ähnlicher. Anfangs stießen Woeses Ideen auf eine Feindseligkeit, die mit der Umgebung seiner neuen Mikroben vergleichbar war. Aber wie die Archaeen, so überlebten auch seine Theorien.

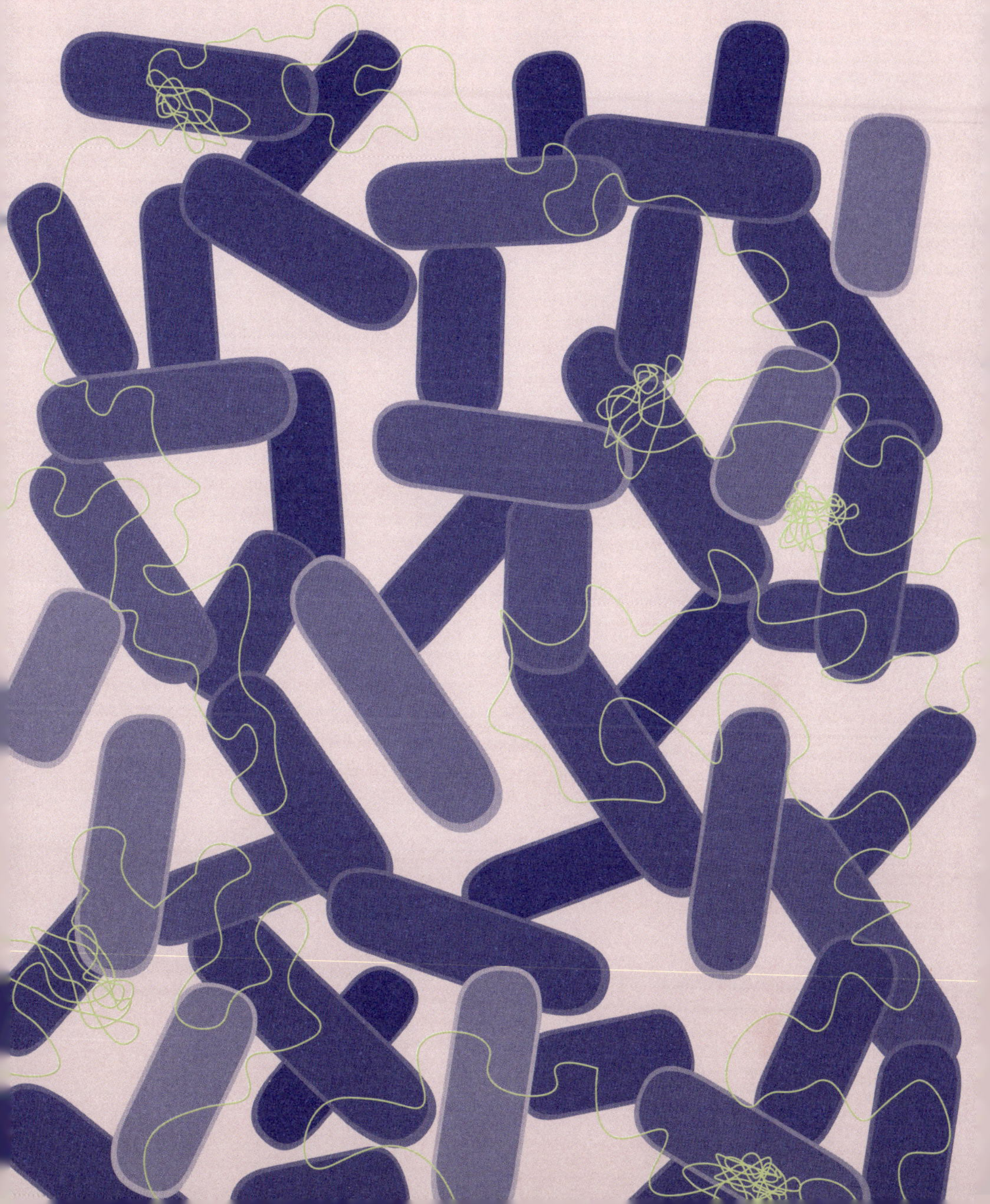

Könnten wir noch eine „Dust Bowl" überleben?

→ Das schon, aber weil die Enährungssysteme heute so vernetzt sind, würde ein vergleichbares Ereignis Schockwellen durch die ganze Welt senden. Globale Weizenvorräte würden aufgebraucht werden und die Bevölkerungen vieler Länder müßten darunter leiden.

95 Prozent unserer Nahrung entstammen dem Boden. Er hat jahrtausendelang die menschliche Zivilisation erhalten. Ernährungssysteme und ganze Gesellschaften sind zusammengebrochen, wenn der Boden vernachlässigt wurde. In den 1930er Jahren hatten Jahrzehnte falscher landwirtschaftlicher Methoden die Böden in den Großen Ebenen der Vereinigten Staaten geschwächt. Als eine Dürre einsetzte, fegten tosende Staubstürme in weiten Gebieten die ausgelaugte oberste Schicht des Bodens hinweg und hinterließen Millionen Hektar degradiertes, unfruchtbares Land zurück. Die sogenannte Dust Bowl (Staubschüssel) ließ die Getreideproduktion für ein Jahrzehnt einbrechen. Millionen Menschen flohen. Ein ähnliches Ereignis hätte heute weltweite Auswirkungen und würde die globalen Weizenvorräte in nur vier Jahren um ein Drittel verringern.

Für das menschliche Auge mag Boden wie lebloser Dreck erscheinen. Bei näherem Hinschauen zeigt sich vielleicht ein Wurm, Käfer oder sogar Maulwurf, der sich kurz an die Oberfläche gräbt. Doch ganz aus der Nähe betrachtet enthüllt der Boden ein unglaublich dynamisches Ökosystem voller Leben, das größtenteils mikroskopisch klein ist. In nur einem Gramm Boden lebt etwa eine Milliarde Mikroben, bis zu 50.000 verschiedene Arten von Pilzen, Bakterien, Archaeen, Protozoen und Viren, die alle unter der Oberfläche gedeihen. Böden beherbergen über ein Viertel der weltweiten Biodiversität und sind soviel mehr als nur Dreck.

Diese komplexe unterirdische Gemeinschaft, das Bodenmikrobiom, hat tiefgreifende Auswirkungen auf den Planeten. Bodenmikroben bauen organische Stoffe ab, recyceln Kohlenstoff, Stickstoff und andere Nährstoffe und unterstützen das Pflanzenwachstum.

Sie reinigen das Wasser im Boden, indem sie Schadstoffe abbauen. Der Boden ist die zweitgrößte Kohlenstoffsenke nach den Ozeanen, und die Rolle der Mikroben bei der Kohlenstoffbindung ist viermal größer als jeder andere Faktor. Böden enthalten mehr Kohlenstoff als die Atmosphäre und alle Pflanzen der Welt zusammen.

Eine Kombination aus intensiver Landwirtschaft, Schadstoffen, Klimawandel und Extremwettern führt weltweit zur Verschlechterung der Bodengesundheit. Unser Verständnis des Bodenmikrobioms und wie es dieses blühende Ökosystems erhält, steckt noch in den Kinderschuhen. Dennoch erforschen Wissenschaftler bereits, ob künstlich hergestellte Mikrobengemeinschaften die Lösung für die Verschlechterung der Böden sein könnten.

DIE RIZOSPHÄRE

Einer der wichtigsten und artenreichsten Bereiche im Boden ist die Rhizosphäre. So nennt man die unmittelbare Umgebung der Pflanzenwurzeln, die bis zu 2.000-mal mehr Mikroben als andere Bodenbereiche enthält. Pflanzenwurzeln scheiden zuckerhaltige Flüssigkeiten, Aminosäuren und andere Verbindungen in die Rhizosphäre aus. Das zieht Mikroben-Gemeinschaften an, die Nährstoffe mit den Pflanzen austauschen, was deren Wachstum sowohl fördern als auch behindern kann. Einige Wissenschaftler gehen davon aus, dass die Rhizosphäre Mikroben enthalten könnte, die der menschlichen Gesundheit zuträglich sind.

Wie reden Pflanzen miteinander?

→ Sie benutzen Pilze! Pilz-Netzwerke durchdringen den Untergrund. Sie helfen den Pflanzen beim Nähstoffaustausch und beim „Plausch". Unter Wäldern sind diese Netze derart ausgeprägt das man vom vernetzten Wald spricht, oder dem „Wood Wide Web".

Unterirdisch wird so Vieles geplaudert was man nicht hört. Pflanzen kommunizieren mit ihrer Umwelt und sogar untereinander über Pilz-Netzwerke, die als Mykorrhiza bekannt sind und aus langen, dünnen Ketten bestehen, den sogenannten Hyphen. Mykorrhizapilze leben seit über 450 Millionen Jahren in Symbiose mit Pflanzen.
Die Pilze erhalten Zucker von den Pflanzen, und im Gegenzug machen sie zusätzliche Nährstoffe und Wasser aus dem Boden verfügbar. Pflanzen können auch chemische Signale über Mykorrhiza-Netzwerke weitergeben und so mit anderen Pflanzen und sogar Arten kommunizieren. Wenn eine Pflanze von einem Pflanzenfresser angegriffen wird, kann sie andere in der Nähe alarmieren. Die Abwehr wird hochgefahren und alle profitieren davon.
Mykorrhiza-Netzwerke unter Wäldern sind so weitläufig, dass sie und die verflochtenen Baumwurzeln und Bakteriengemeinschaften zusammen als vernetzter Wald oder Wood Wide Web (WWW) bekannt sind. Wissenschaftler haben KI eingesetzt, um die globale Ausdehnung dieses WWW zu kartieren. Es gibt zwei Haupttypen von Mykorrhiza-Netzen. Einige dominieren tropische Biome und zirkulieren den Kohlenstoff zügig weiter, indem sie ihn in die Atmosphäre abgeben. Andere gedeihen in gemäßigten Regionen und binden mehr Kohlenstoff im Boden, sie sind jedoch stärker von der Erderwärmung bedroht.
Pilze wurden lange für Pflanzen gehalten, aber heute stellen sie ein eigenes, unglaublich vielfältiges Reich dar. Es gibt sie vom Einzeller bis hin zu komplexen Organismen, von mikroskopisch kleinen Sporen und Hyphen bis hin zu den sogenannten Großpilzen. Deren oberirdische Fruchtkörper sind mit dem Auge erkennbar, die Pilze selbst leben im Boden. Pilze gibt es fast überall in der belebten Welt. Die Hefen, die wir zum Brotbacken und Bierbrauen verwenden sind Pilze. Pilze leben in unserem Körper. Der größte bekannte Organismus der Welt, *Armillaria ostoyae*, wurde 1998 entdeckt, lebt in Oregon und ist ein Pilz.
Nur etwa 150.000 Pilzarten wurden bisher beschrieben, doch ihre Zahl wird auf Millionen geschätzt. Neben Anwendungen in der Landwirtschaft erforschen Wissenschaftler ihren Einsatz als natürliche biologische Mittel gegen Krankheitsüberträger wie Moskitos, als umweltfreundliche Materialien und als Indikatoren für die Gesundheit von Ökosystemem.

ZOMIBIEPILZE

Pilze beeinflussen das Verhalten von Pflanzen und Bäumen. Diese faszinierenden Organismen können auch großen Einfluss auf andere Lebewesen nehmen; sie können etwa das Verhalten von Tieren steuern. Einige Pilze in den Regenwäldern von Peru dringen in das Blut von Fliegen ein. Dann kontrollieren sie das Verhalten ihres Wirts und lassen ihn, an einen Ort zu fliegen, der ideal für ihr Wachstum ist. Dann stibt die Fliege, der Pilz ernährt sich und wächst, und Sporen werden ausgeschüttet, um den Zyklus erneut zu beginnen. So gruselig wie beeindruckend.

Wie viele Mikroben leben im Ozean?

→ Eine Menge. Und wenn man die gesamte Biomasse der Ozeane wiegen würde, wären 90 Prozent davon Mikroben. Sie spielen eine fundamental wichtige Rolle in den Nahrungsnetzen der Ozeane und anderen atmosphärischen Prozessen.

Wenn Sie sich auf dem offenen Meer eine Handvoll Wasser schöpfen, treiben Abermillionen von Mikroben darin. Diese Mikroorganismen, sowie die größeren, mit bloßem Auge sichtbaren Pflanzen und Tiere, bilden den Plankton. Der Name kommt aus dem Griechischen und bedeutet „das Umherirrende": Weil sie selbst nicht schwimmen können, werden diese Lebewesen von Strömungen durchs Meer transportiert.
Das Phytoplankton ist der Wald der Meere. Diese photosynthetischen Organismen wie Bakterien, Algen und Pflanzen, sind für Nährstoff- und atmosphärische Kreisläufe von entscheidender Bedeutung. *Prochlorococcus*, der kleinste und häufigste aller Photosynthese betreibenden Organismen produziert etwa genausoviel Kohlenstoff wie alle Nutzpflanzen der Welt.
Die mikroskopisch kleinen Kieselalgen, die in aquatischen Ökosystemen auf der ganzen Welt leben, einschließlich im Süßwasser, atmen mehr Sauerstoff aus, als alle Regenwälder zusammen. Die winzigsten Meeresmikroben sind die Grundlage für alles andere Leben im Meer. Bakterien recyceln Nährstoffe von toten Mikroben und anderen Organismen. Nanoflagellaten genannte Mikroben durchkämmen das Wasser nach Bakterien und werden ihrerseits von größeren Organismen gefressen, von Krebstieren und Fischen bis hin zu den größten Walen. Dieser mikroskopische Reinigungsprozess ist als mikrobielle Schleife bekannt.
Mikroben leben überall, auch auf dem Meeresboden, wo sie sich in bunten Matten sammeln. Anhand dieser können wir ablesen, welche Chemikalien aus dem Meeresboden freigesetzt werden und welche Mikroben wiederum in der Finsternis dort leben. Ohne Sonnenlicht produzieren diese ihre Nahrung mithilfe chemischer Reaktionen, etwa an hydrothermalen Quellen. Meeresmikroben bilden auch symbiotische Beziehungen untereinander und mit größeren Organismen. Winzige, leuchtende Bakterien leben zum Beisipiel in den Leuchtorganen der Tiefsee-Anglerfische und locken aus den schwarzen Tiefen des Ozeans Beute für ihre Wirte an.
Manche Mikroben sind extrem kurzelebig, so können sie sich als Spezies schnell an veränderte Bedingungen anpassen. Manche Bakterien haben sich bereits zu Plastikfressern entwickelt. Wissenschaftler hoffen, dass Meeresmikroben uns bei der Bekämpfung des Klimawandels helfen können, indem sie die Speicherkapazität des Ozeans für Kohlenstoff erhöhen.

VERSCHACHTELTE ÖKOSYSTEME

Wissenschaftler untersuchen die Holobionten der Ozeane auch im Hinblick auf ihre Auswirkungen auf Ökosysteme. Im Meer kann die Übertragung von Mikroben und Nährstoffen durch direkten Kontakt weit vernetzte Wechselbeziehungen schaffen, mit Folgewirkungen.

Schwämme und ihre Mikroorganismen haben beispielsweise großen Einfluss auf den Nährstoffkreislauf ihrer Umwelt. Dies kann das Wachstum anderer Organismen und die Konkurrenz zwischen Arten verändern und damit auch die Struktur der Gemeinschaften im Ökosystem.

Sind Viren nützlich?

→ Nicht alle sind von Übel. Viren gibt es seit Anbeginn des Lebens auf dieser Erde und vielleicht sogar schon länger. Sie haben die Evolution auf unserem Planeten geprägt, auch die des Menschen.

Viren sind mehr Maschine als Lebewesen. Diese winzigen Mikroben infizieren die Zellen organischer Wirte, lagern ihren eigenen Gencode darin ab und zwingen die Zelle, weitere Viren zu replizieren. Wissenschaftler diskutieren immer noch, ob sie überhaupt lebendig sind oder nicht. Sie sind sich jedoch allgemein einig, dass Viren unglaublich vielfältig, zahlreich und wichtig sind.

Vermutlich gibt es auf unserem Planeten mehr Viren als Sterne im Universum und sie infizieren einfach alles: Menschen, Tiere, Pflanzen, Pilze und Mikroben. Sie befinden sich im Boden, in unseren Eingeweiden, in vulkanischen Quellen und in den dunkelsten Tiefen des Ozeans. Sie haben die Biodiversität wie kaum eine andere Kraft geprägt. Als unser häufigster Organismus bilden Viren möglicherweise das größte Reservoir genetischer Vielfalt der Welt.

Die Rolle von Viren wird besonders in den Ozeanen deutlich. Dort töten Meeresviren täglich etwa 20 Prozent des mikrobiellen Lebens. Es gibt zehnmal mehr Viren als Bakterien im Ozean. Somit beeinflussen Viren die Zusammensetzung mariner Ökosysteme, treiben die biologische Kohlenstoffpumpe an und wirken sich tiefgreifend auf globale biogeochemische Kreisläufe aus.

Immer wenn ein Virus einen Wirt infiziert, besteht die Möglichkeit eines Gentransfers. Viren mutieren, und wenn zwei Viren dieselbe Zelle infizieren, können sie genetische Informationen austauschen. Viren haben die Evolution vieler Arten beeinflusst: Über 8 Prozent des menschlichen Genoms sind viralen Ursprungs, Gene, die unsere Hirnfunktion beeinflusst haben und uns die Plazenta bescherten. Viren nehmen auch genetische Informationen von ihren Wirten auf und prägen so die Evolution in beide Richtungen.

Viren gelten als unsere Nemesis: Poliovirus, Coronavirus und Ebola sind nur einige wenige unserer tödlichsten Heimsuchungen. Doch Viren können auch unsere Verbündeten werden. Wissenschaftler nutzen sie zur Bekämpfung von Krebs und als potenzielle Waffe bei Antibiotikaresistenzen könnten sie Leben retten. Die Entwicklung kostengünstigerer Technologien zur schnellen Gensequenzierung hat uns das Tor zur Welt der Viren aufgestoßen: der Virosphäre. Je mehr wir über sie lernen, desto mehr wird uns bewusst, wie wenig wir eigentlich wissen.

DIE VIROSPHÄRE

Unsere Erforschung der Virosphäre steckt noch in den Kinderschuhen. Im späten 19. Jahrhundert entdeckten zwei Wissenschaftler unabhängig voneinander das erste Virus, das Tabakmosaikvirus. 1938 verwendeten Wissenschaftler ein Elektronenmikroskop, um erstmals die Größe und Form eines Virus zu sehen. Heute wissen wir, dass Viren verschiedene Methoden der Vermehrung haben und in Größe und Form variieren. Sie alle bestehen aus Erbgut, das von einer schützenden Proteinhülle umgeben ist.

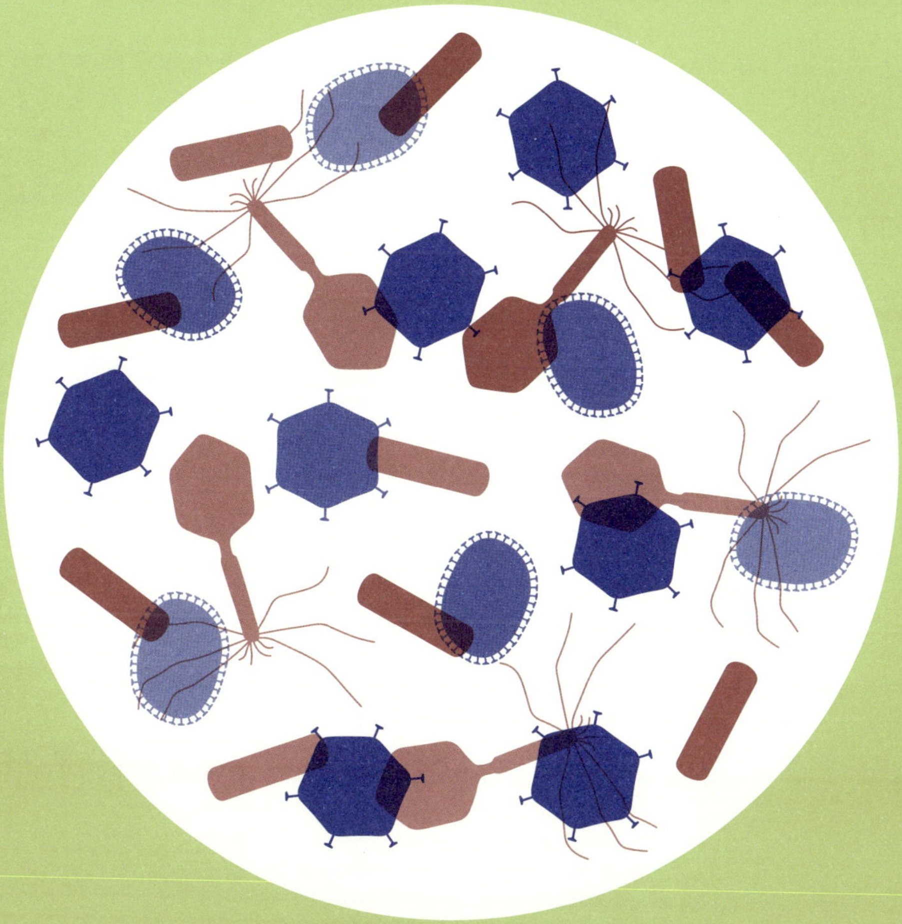

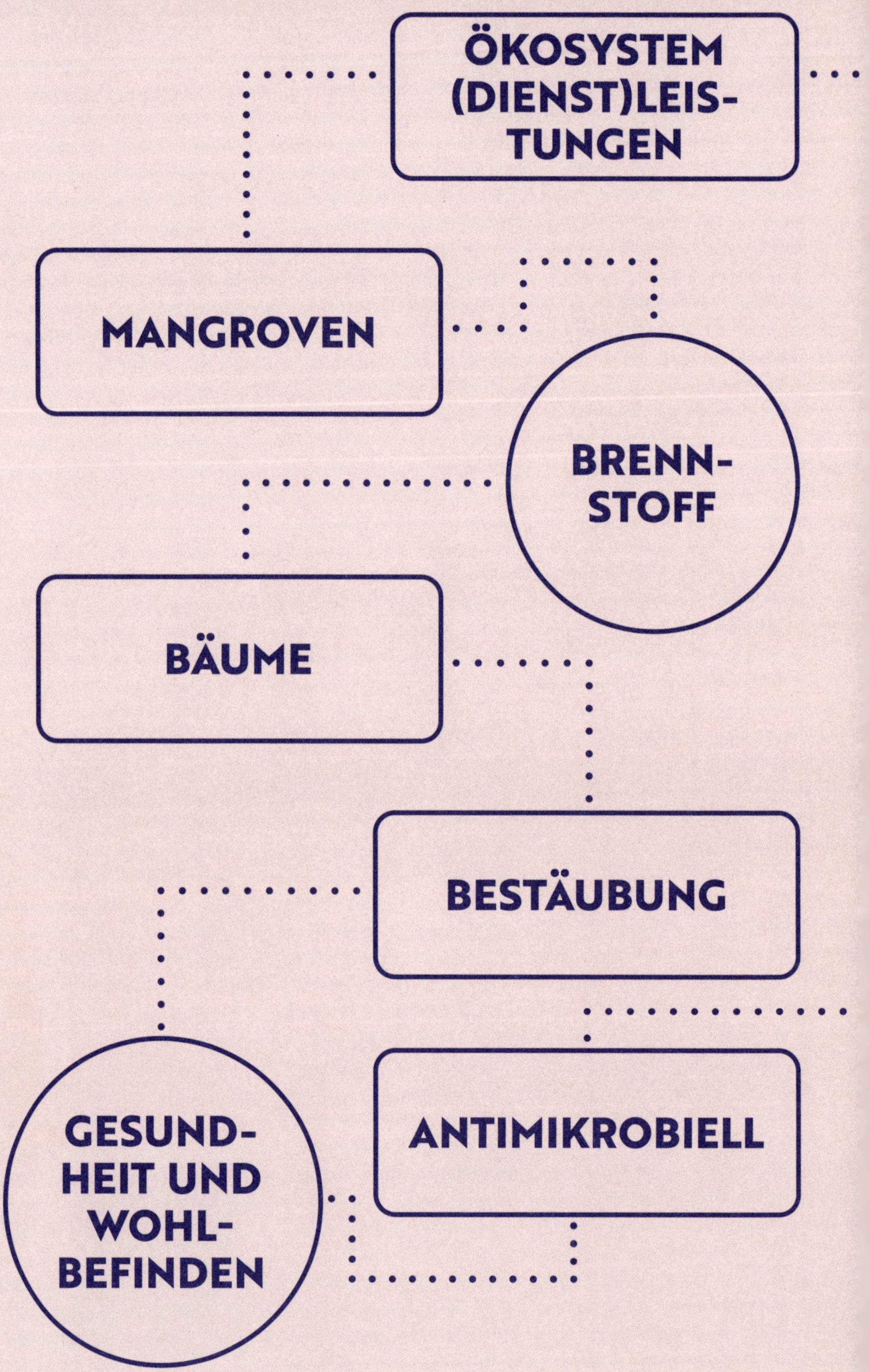
ÖKOSYSTEM (DIENST)LEIS-TUNGEN
MANGROVEN
BRENN-STOFF
BÄUME
BESTÄUBUNG
ANTIMIKROBIELL
GESUND-HEIT UND WOHL-BEFINDEN

KAPITEL 4

CHANCEN

GESCHÜTZTE GEBIETE

DIENST-LEISTUN-GEN

NAHRUNG

EINLEITUNG

Der immense Reichtum der Natur war schon in der Antike ein Gesprächsthema. Dass gleiche gilt für seine Zerstörung durch den Menschen. Im Jahr 400 v. u. Z beschrieb Platon, wie Entwaldung zu Bodenerosion und zum Austrocknen von Flüssen und Quellen beitrug. Das Bewusstsein für diese Belange reicht wohl noch einiges länger zurück.

Güter oder Leistungen, Aktivitäten oder Funktionen von Ökosystemen, die Menschen zugutekommen, werden als **ÖKOSYSTEMLEISTUNGEN** bezeichnet. Im 21. Jahrhundert begannen Wissenschaftler, den Wert der Natur expliziter abzubilden und damit auch potenzielle Verluste. Die Ökologen Paul und Anne Ehrlich prägten 1981 den Begriff der „Ökosystemleistung". Seine Definition hat sich mit der Zeit entlang ökologischen und ökonomischen Denkens entwickelt.

Zunächst wurden die Ökosystemleistungen rein utilitaristisch bewertet. Klassische Ökonomen erkannten wohl ihren Nutzwert, betrachteten sie aber als eine kostenlose, praktisch unbegrenzt für menschlichen Konsum verfügbare Ressource. Wie wir heute wissen, ist sie weder unerschöpflich noch unzerstörbar. In den 1990er Jahren fand die Idee der Ökosystemleistung zunehmend breite Resonanz. Eine wegweisende Studie aus dem Jahr 1997 schrieb den globalen Ökosystemleistungen einen Wert von bis zu 54 Billionen US-Dollar pro Jahr zu.

Seitdem ist die Zahl der Studien, die sich mit Ökosystemleistungen und ihrer Bewertung befassen, exponentiell gestiegen. Mit wachsendem akademischem Interesse haben Naturwissenschaftler ökologische Werte zunehmend in ökonomische Begriffe gefasst, um so öffentliches Interesse an der Erhaltung der Biodiversität zu wecken. Das Konzept hat sich über akademische Kreise hinaus verbreitet und beeinflusst nun die internationale Politik.

Die Liste der Nutzen, die wir aus der Natur ziehen, ist lang. Ökosysteme regulieren Wetterzyklen, atmosphärische Gase, Klima und Krankheiten. Ein Wald kann Kohlenstoff speichern, Nahrung, Holz und sauberes Wasser spenden und kulturelle Identität stiften. Rund 4 Milliarden Menschen sind auf Heilmittel direkt aus der Natur angewiesen. Ökosysteme speichern genetische Ressourcen und sorgen für gesunde Böden.

Wenn sich unsere Bedürfnisse wandeln, kann sich das auf unsere Wertschätzung solcher Leistungen übertragen, selbst wenn das betreffende Ökosystem gleich bleibt. Die Bewertung ist kompliziert, da unterschiedlichen Menschen unterschiedliche Ökosystemleistungen wichtiger sind. Den einen wird der Wald für Nutzholz wichtiger sein, während andere auf Trinkwasser oder spirituelle Erleuchtung wert legen.

Wissenschaftler haben kürzlich eine Alternative zum **BRUTTOINLANDSPRODUKT (BIP)** vorgeschlagen, um den Wert ökologischer Produkte und Dienstleistungen für die menschliche Gesellschaft und das Wohlergehen genauer zu erfassen. Das von der amerikanischen Biologin Gretchen Daily entwickelte **BRUTTOÖKOSYSTEMPRODUKT (GEP)**, wie es genannt wird, wird bereits in mehreren Pilotprojekten in ganz China eingesetzt.

Der Zustand der Natur und ihrer Diensteistungsfähigkeit verschlechtern sich weltweit. Einige argumentieren, es sei grundfalsch, der Natur einen Geldwert zuzuweisen. Die Konzentration auf Ökosystemleistungen garantiere nicht, dass biologische Vielfalt um ihrer selbst willen geschätzt wird, insbesondere stark gefährdete Arten und ihre Lebensräume. Andere hoffen, dass die Bewertung von Ökosystemleistungen einen breiten kulturellen Wandel zum Naturschutz einläuten wird.

ÜBERSICHT DER CHANCEN

WERT

ÖKOSYSTEM-LEISTUNGEN

Waren oder Dienstleistungen, Aktivitäten oder Funktionen aus einem Ökosystem, die für Menschen nutzbringend sind.

ÖKOTOURISMUS
Gegenseitig vorteilhafte Beziehung zwischen Mensch und Natur, die den Menschen nicht-materielle Vorzüge erbringt, während ihr Geld hilft, Natur zu regenerieren.

ENERGIE

BRUTTOINLANDSPRODUKT (BIP)
Gesamtwert der Waren und Dienstleistungen, die ein Land im Jahr produziert.

BIOENERGIE
Energie aus organischen Materialien (Biomasse), die Kohlenstoff enthalten, der von Pflanzen durch Photosynthese aufgenommen wurde.

GROSS ECOSYSTEM PRODUCT (GEP)
Der Wert aller Ökosystemgüter und -dienstleistungen, die jährlich dem menschlichen Wohlergehen einer bestimmten Region dienen.

ERNEUERBARE ENERGIE
Energie, die aus nachhaltigen Brennstoffen und Energiequellen wie Biokraftstoffen, Solarenergie und Wasserkraft gewonnen wird.

VORTEILE

REGULIERENDE LEISTUNG

Naturleistung, die für das menschliche Leben von Vorteil ist, wie z.B. die Bindung von Kohlenstoff durch Mangrovenwälder.

MANGROVEN
Tropischer Wald, der im Salzwasser von Küstengebieten, Flüssen und Flussmündungen gedeiht und ein vielfältiges Leben über und unter Wasser spendet.

MIKROBEN-SYMBIONT
Photosynthetischer Primärproduzent, der in Symbiose mit Pflanzen, Tieren und Pilzen lebt.

ANTIMIKROBIELLE RESISTENZ
Resistenz von Mikroorganismen wie Viren und Bakterien gegen Medikamente wie Antibiotika.

AGROFORSTWIRTSCHAFT
Neue Methode, nach der Bäume, Sträucher, Grasland und Tiere in den Nutzpflanzenanbau integriert werden; ein nachhaltigerer Ansatz, der die Bodenqualität verbessert.

FOSSILE BRENNSTOFFE
Brennstoffe aus Substanzen wie Kohle und Öl. Produkte früherer Biodiversität, entstanden aus komprimierter pflanzlicher und tierischer Materie, die über Millionen von Jahren angesammelt wurden.

MONOKULTUR
Landwirtschaftliches System, bei dem pro Feld nur ein Kulturpflanzentyp angebaut wird. Verringert dieArtenvielfalt und ist letztlich weniger produktiv.

Was kümmern mich Mangroven?

Lange Zeit wurden die Mangroven als schlammige Meereswälder abgetan. Heute wissen wir, dass sie eine ganze Reihe von Ökosystemleistungen und -gütern bereitstellen, die uns und anderen Wesen Leben spenden.

Ein Paradebeispiel für den Reichtum der Natur sind Mangroven. Diese tropischen Wälder gedeihen im Salzwasser von Küstengebieten, Flüssen und Flussmündungen. Unter und über Wasser beherbergen sie eine emorme Artenvielfalt: von Garnelen über Seekühe, Fischkatzen und Bengaltiger bis hin zu vielen stark gefährdeten und endemischen Arten. Man spricht hier von einer unterstützenden Dienstleistung, denn der Schutz von Pflanzen und Tieren und die Förderung genetischer Vielfalt sind die Grundlage für alle anderen Ökosystemleistungen.
Als Lebensraum für Meeresbewohner wie Fische und Krabben bieten Mangroven den Menschen Nahrung. Greifbare Güter die konsumiert, genutzt oder verkauft werden können, werden als bereitstellende Dienstleistungen bezeichnet. Durch sie sichern Mangroven die Lebensgrundlage von Millionen von Menschen.
Mangroven sind auch Klimaschützer. Sie binden Kohlenstoff zehnmal schneller als andere tropische Wälder und speichern bis zu fünfmal mehr davon im Boden. Sie reinigen Wasser und Luft. Dies sind regulierende Dienstleistungen: Prozesse eines Ökosystems, die eine dem menschlichen Leben förderliche Umwelt erhalten. Dazu gehört auch der physische Schutz. Mangrovenwurzeln reichen unter Wasser tief in den Boden und bilden starke Bollwerke. Wenn Wirbelstürme zuschlagen, bremsen ihre kräftigen Wurzeln und Stämme Wind und Wasser und mildern Überschwemmungen ab. Sie verhindern jährlich Flutschäden in Höhe von über 80 Milliarden US-Dollar und haben zweifellos schon viele Leben gerettet.
Die einzigartig vielfältige Flora und Fauna der Mangroven bietet uns auch kulturelle Dienstleistungen. Diese vierte Kategorie der Ökosystemleistung sind nicht-materielle Güter, vom Tourismus bis hin zu spirituellen Aspekten. Touristen kommen, um die Artenvielfalt zu bestaunen, zu angeln oder Kajak zu fahren, während einige GemeindenBevölkerungsgruppen auf Fidschi Mangroven mit bestimmten Gottheiten in Verbindung bringen.
Als Brücke zwischen Meer und Land sind Mangroven eines unserer wichtigsten Ökosysteme. Dennoch sind sie stark bedroht. Mehr als ein Drittel ist bereits verschwunden, und mancherorts schwinden sie schneller als Landwälder. Ihre Rolle im Kampf gegen den Rückgang der Biodiversität und den Klimawandel wurde lange unterschätzt, doch jetzt wissen wir es besser. Das sollte uns alle kümmern.

SCHÜTZENDE KÜSTENÖKOSYSTEME

Viele Ökosysteme bieten lebenswichtigen Schutz vor Naturgewalten wie Wirbelstürmen. Korallenriffe absorbieren Wellenenergie. Salzwiesen reduzieren Sturmfluten und verhindern Erosion. Sanddünen brechen Winde. Über 2,75 Milliarden Menschen, etwa ein Drittel der Weltbevölkerung, leben innerhalb einer 100 Kilometer-Zone von der Küste entfernt. In einer Zukunft, in der extreme Wetterereignisse eher zunehmen, werden diese natürlichen Barrieren für unser Überleben immer wichtiger sein. Wir könnten unsere eigene Infrastruktur aufbauen, aber warum nicht die natürliche schützen?

Was befeuert unsere Existenz?

→ Wir brauchen Luft, Wasser, Nahrung und Unterkunft zum Überleben. Und heutzutage brauchen wir auch eine Menge Brennstoff. Zum Glück bekommen wir all das aus unseren Ökosystemen, ein Grund sie um jeden Preis zu schützen.

Pflanzen erfüllen unsere ersten beiden Grundbedürfnisse: Sie reinigen Luft und Wasser von Verunreinigungen und Giftstoffen und atmen Sauerstoff aus, den wir einatmen.
Unsere Nahrung stammt von Pflanzen und Tieren. Mit der Zeit haben wir die Methoden verbessert, mit denen wir der Natur Nahrung entnehmen, doch unsere Grundbedürfnisse bleiben dieselben. Gesunde Ökosysteme schaffen optimale Bedingungen für Menschen, um aufzuwachsen, gemeinschaftlich zu sein, zu jagen oder Nahrung zu ernten. Außerdem verwenden wir Naturmaterialien für Gebäude. Vor etwa 25.000 Jahren errichteten Menschen Unterkünfte aus Mammutknochen und seit etwa einer halben Million Jahre aus Holz. Tierhäute schützen uns seit vielen Jahrtausenden vor rauem Wetter und Klima. Dennoch ist es Brennstoff, der in unserer Geschichte die größten Veränderungen herbeigeführt hat. Dank der Entdeckung und Beherrschung des Feuers, vielleicht vor über einer Million Jahren, konnten wir uns warm halten, gegen Raubtiere verteidigen und Licht in die Dunkelheit bringen. Wir konnten Essen kochen und so Gifte in rohem Fleisch unschädlich machen. Feuer ermöglichte uns, neue Territorien zu erschließen und unsere Umwelt zu verändern. Die Energie, die durch die Verbrennung von organischem Material wie Pflanzen erzeugt wird, nennt man Bioenergie. Wir haben sie intensiv genutzt und sie hat unsere Entwicklung geprägt.
Es sind urzeitliche Ökosysteme, die uns immer noch mit Brennstoff versorgen. Kohle und Öl sind Produkte einstmaliger Biodiversität, pflanzlicher und tierischer Stoffe, die sich über Millionen von Jahren abgelagert und verdichtet haben. Diese fossilen Brennstoffe sind nicht gleichmäßig über Landmassen und Ozeane verteilt, als „Schatten" früherer Biodiversitäts-Hotspots. Es ist eine traurige Ironie des Schicksals, dass dasselbe uralte Leben, das die industrielle Revolution vorantrieb, heute den Rückgang der Biodiversität befeuert.
Jetzt suchen wir nachhaltigere Brennstoffe. Erneuerbare Energien profitieren von gesunden Ökosystemen, wenn beispielsweise der Durchfluss für Wasserkraft erhöht werden kann. Sogar aus Mikroben können wir Energie erzeugen. Die Solarenergie wurde durch die Photosynthese von Pflanzen inspiriert. Überall in der Natur könnten noch unbekannte Energiequellen auf ihre Erschließung warten, und weitere, zu deren Erfindung uns die Natur inspirieren könnte.

HALBKÜNSTLICHE FOTOSYNTHESE

Der italienische Chemiker Giacomo Ciamician (1857–1922), der „Vater der Photochemie", schlug vor über hundert Jahren erstmals vor, die pflanzliche Photosynthese künstlich nachzubilden. Heute ergänzen Wissenschaftler die hoch entwickelte Solartechnik wieder um natürliche Elemente. Aufstrebende hybride Systeme integrieren photosynthetische Enzyme von Organismen wie Bakterien und artifizielle Technologie, um den Prozess effizienter zu machen als er auf natürliche Weise stattfindet. Eines Tages könnte sie eine Bandbreite an Materialien erzeugen, von chemischen Brennstoffen bis hin zu Kunststoffen.

Was haben die Wespen je für uns getan?

→ Wir hassen sie, wenn sie um unser Picknick schwirren, aber Wespen verrichten unverzichtbare Ökosystemleistungen. Wie ihre beliebteren Kusinen, die Bienen, sind auch sie Bestäuber, und ohne sie könnten wir schlicht nicht leben.

Wespen leiden unter einem schlechten Ruf, sind aber wichtige Bestäuber und für die Landwirtschaft und unser Nahrungsmittelsystem extrem wichtig. Als Spitzenräuber töten sie andere Insekten, inklusive Schädlinge, was unseren Nutzpflanzen zu gute kommt. Ihr Gift und ihr Speichel enthalten Verbindungen, die in Medikamenten Anwendung finden. Bestäubung ist eine der wichtigsten regulierenden Dienstleistungen in der natürlichen Umwelt. Wenn Insekten und andere Tiere beim Bestäuben Nahrung aufnehmen, transportieren sie Pollen von einer Pflanze zur anderen und befruchten sie so. Drei Viertel unserer Nutzpflanzen müssen bestäubt werden, eine Dienstleistung im Wert von über 250 Milliarden US-Dollar pro Jahr. Fast 90 Prozent aller wilden Blütenpflanzen sind zumindest teilweise auf Bestäuber angewiesen. Wespen besuchen über 900 Pflanzenarten, von denen einige zur Fortpflanzung ganz von ihnen abhängen. Affen, Nagetiere, Vögel und Fledermäuse sind ebenfalls Bestäuber. Diese enorme regulierende Dienstleistung nützt den Menschen, und sie stützt unser globales Nahrungsmittelsystem.

Nutzpflanzen wären jedoch nichts ohne den Boden, aus dem sie wachsen. Der Boden bietet eine kostenlose, unterstützende Ökosystemleistung, denn er ist die Grundlage für alle anderen. Boden entsteht durch die Erosion von Gesteinen, die alle Elemente enthalten, die eine Pflanze zum Wachsen benötigt. Verschiedene mikrobielle Gemeinschaften und Pflanzen siedeln sich an, und andere Organismen wie Regenwürmer ziehen ein und helfen dabei, Nährstoffe durch dieses Ökosystem zu transportieren, das zudem Luft und Wasser reinigt. Mit der Zeit wird der Boden zu einer Quelle für organische Stoffe und zu einem wichtigen Lebensraum für viele Arten.

Biologische Vielfalt hält den Boden gesund und umgekehrt. Verschiedene Böden bescheren uns eine enorme Vielfalt essbarer Pflanzenarten und Nahrungsvielfalt ist essentiell für gesunde Ernährung. Immer intensivere landwirtschaftliche Nutzung hat im Laufe unserer Geschichte zu wachsenden Erträgen geführt, doch die Fähigkeit der Natur, die nachhaltigen, vielfältigen Lebensmittel zu liefern, die wir benötigen, nimmt ab. Unsere landwirtschaftlichen Methoden und unser globales Nahrungssystem sind die Hauptursache für den Rückgang der biologischen Vielfalt. Die Förderung der Biodiversität durch das gesamte Nahrungssystem wird dazu beitragen, unsere Ernährung zu sichern.

AGROFORSTWIRTSCHAFT

Eine der vielversprechendsten neuen Anbaumethoden der letzten Jahrzehnte ist die Agroforstwirtschaft. Sie möchte unsere Lebensmittelproduktion vom schädlichen und oft unproduktiven Monokultursystem abbringen. In der Agroforstwirtschaft werden Bäume, Sträucher, Grasland und Tiere so in den Anbau von Nutzpflanzen integriert, dass die Produktion nachhaltiger und die Bodenqualität besser wird. Zahlreiche Studien belegen, dass Agroforstwirtschaft die Artenvielfalt landwirtschaftlicher Gebiete erhöht, Nährstoffe im Ökosystem speichert und Erträge steigern kann.

Wie erhalten mich andere Arten gesund?

→ Biodiversität hilft, unseren Körper und Geist gesund zu halten. Gesunde Ökosysteme halten Krankheiten in Schach und können sogar antimikrobielle Resistenzen verhindern, wenn Mikroorganismen wie Bakterien und Viren unsere Medikamente austricksen.

Gesunde Ökosysteme und die daraus resultierende Biodiversität erhalten unser Wohlbefinden. Die Beziehungen sind komplex und vielschichtig, und die Forschung steckt noch in den Kinderschuhen. Im Moment gibt es mehr Korrelationen als Kausalität.

Einige Umweltzusammenhänge sind klar und relativ einfach: Schadstofffreie Luft und sauberes Süßwasser sind eindeutig gut für die menschliche Gesundheit. Bäume spenden Schatten und helfen uns, unsere Temperatur zu regulieren. Diese positiven Auswirkungen auf die Gesundheit sind in Städten besonders wertvoll, denn dort ist die Umweltqualität gemeinhin schlechter.

Andere Umweltfaktoren sind weniger offensichtlich. Allergien nehmen weltweit dramatisch zu und Forscher fragen sich, ob der Verlust der Biodiversität die Ursache ist. Im Jahr 2013 schlugen Wissenschaftler vor, dass die Störung und Verdrängung unserer ausgewogenen mikrobiellen Symbionten schuld sein könnte. Ihre „Biodiversitätshypothese" besagt auch, dass die Biodiversität auf Ebene der Pflanzen, Tiere usw. direkt mit der mikrobiellen Vielfalt zusammenhängt. Sie vermuten, dass unsere zunehmende Urbanisierung uns von den Mikroben in der Umwelt entkoppelt, die gut für uns sind. Die Zusammenhänge zwischen Biodiversität und psychischer Gesundheit werden zunehmend von Forschungsergebnissen untermauert. Studien haben gezeigt, dass der Aufenthalt auf Grünflächen unser Wohlbefinden steigert. Laut einer aktuellen Studie verbessert sich unsere psychische Gesundheit je mehr Artenreichtum in einem Ökosystem herrscht und je mehr, Pflanzen- und Tierarten es gibt.

Gesunde Ökosysteme halten auch Krankheiten in Schach. Zoonosen sind Krankheiten, die von Tieren auf Menschen überspringen und es gibt viele davon. Untersuchungen zeigen jedoch, dass eine höhere Biodiversität sowohl die Übertragung solcher Krankheiten innerhalb eines Ökosystems als auch ihre Ausbreitung aus diesem heraus verhindert. Eine größere Artenvielfalt bedeutet, dass Krankheitserreger auf weniger geeignete Wirte oder schlechtere Überträger treffen. Die resultierende Unterdrückung von Krankheiten wird als Verdünnungseffekt bezeichnet. Wenn hingegen die Vielfalt durch menschliche Einwirkung verarmt und sich bestimmte Wirtsarten deshalb unverhältnismässig vermehren, spricht man vom Abundanzeffekt. Wissenschaftler untersuchen derzeit, ob die mikrobielle Biodiversität in Boden- und Süßwasserökosystemen auch wie eine ökologi-sche Barriere wirkt und so die Ausbreitung von Antibiotikaresistenzen verhindert.

EINE GESUNDHEIT

Die Gesundheit von Menschen, Pflanzen, Tieren und unserer gemeinsamen Umwelt ist eng verbunden und wechselseitig abhängig. Menschliche Aktivitäten wie Güterverkehr, Reisen und Landnutzung, können die Gesundheit von Ökosystemen und damit die Ausbreitung von Krankheiten stark beeinflussen. Im Jahr 2003, nach den SARS- und Vogelgrippeepidemien, entstand das Konzept „Eine Gesundheit". Es zielt darauf ab, verschiedene Ansätze zur Sicherung der Gesundheit aller Organismen und unserer Umwelt zusammenzuführen. Der Impuls ist zwar recht aktuell, doch die Idee lässt sich über zwei Jahrhunderte zurückverfolgen.

Wie kriegen wir Aspirin vom Baum?

→ Aus der Rinde von Weiden! Menschen benutzen seit Jahrtausenden Pflanzen als Heilmittel. Nachdem sie sich den synthetischen Alternativen verschrieben hatte, schaut sich die Pharmazie wieder in der Natur nach neuen Medikamenten um.

Menschen behandeln sich seit Jahrtausenden selbst medikamentös. 40.000 Jahre alte Zähne von Neandertalern deuten darauf hin, dass diese Aspirin und Penicillin aus Pflanzen und Schimmelpilzen konsumiert haben. Eine über 5.000 Jahre alte Tontafel enthält sumerische Arzneimittelrezepte, in denen Alraune, Mohn und über 250 andere Pflanzen verwendet werden. Die alten Maya verwendeten Baumharze um Karies vorzubeugen.
Dank wissenschaftlichem Fortschritts wurde es möglich, medizinische Wirkstoffe aus Naturprodukten zu gewinnen und sie in wirksame Medikamente umzuwandeln. Die Rinde des Weidenbaumes enthält Salicin, eine schmerzlindern-de Chemikalie. Der deutsche Pharmakologe Johann Andreas Buchner (1783–1852) isolierte und benannte sie 1828. Nach einigen chemischen Basteleien verkaufte das Pharmaunternehmen Bayer 1915 die ersten rezeptfreien Aspirin-Tabletten.
Solche Medikamente haben die Geschichte der Menschheit dramatisch beeinflusst. Sie ließen uns Krankheiten überleben und unsere Lebensspanne verlängern. Chinin, eine Verbindung die gegen Malaria wirkt und im Chinarindenbaum vorkommt, ermöglichte die Erforschung der Tropen und mit ihr den europäischen Kolonialismus. Aus der Natur gewonnene Medikamente werden zweifellos unsere Zukunft mitgestalten.

Wo kann man nach neuen Medikamenten suchen? Ökosysteme mit hoher Artenvielfalt sind natürliche Laboratorien für die Entstehung, Ausbreitung und Prävention von Krankheiten. Das macht sie zu Modellen für die biomedizinische Forschung.
Wir haben Medikamente im Herzen der Regenwälder und in den Tiefen des Ozeans gefunden. Extrakte aus Seescheiden gaben uns ein neues Krebsmedikament. Bakterien, die in Symbiose mit Nematoden leben, produzieren vielversprechende Antibiotika. Das Blut des Komodowarans enthält antibakterielle, wundheilende Verbindungen. Wissenschaftler untersuchen Tiefseesedimente von der Arktis bis zur Antarktis nach neuen Heilmitteln. Extremophile, die mit immensem Umweltdruck zurechtkommen, sind ein beliebter Forschungsgegenstand.
Eine weitere Option ist die Gentechnik. Wissenschaftler haben bereits die Tabakpflanze so verändert, dass sie produziert, was irgendwann ein Chemotherapeutikum sein könnte. Dank der Fortschritte in der Genomik können Wissenschaftler immer schneller therapiewirksame Verbindungen identifizieren. Noch vor einigen Jahrzehnten hörten Pharmaunternehmen auf, die Natur nach neuen Medikamenten zu durchkämmen, da sie im Labor neue effiziente Wege zur Medikamentenherstellung fanden. Jetzt hat sich der Fokus wieder auf die Natur verlagert.

ZOOPHARMAKOGNOSIE

Bei vielen Land- und Meerestieren konnte man beobachten, dass sie offenbar natürliche Medikamente nutzen. Dieses Verhalten wird Zoopharmakognosie genannt. Schimpansen kauen offenbar Blätter, um Parasiten loszuwerden. Vögel stören Ameisen, um mit deren Säure besprüht zu werden, die sie wiederum von blutsaugenden Läusen befreit. Schwarzhandtamarine, Ozelots und Hirsche bedienen sich der Rinde eines Baumes in Brasiliens atlantischem Regenwald, die antimykotische Eigenschaften hat. Der Nachweis einer Intention ist schwierig, aber wenn sich Menschen selbst behandeln, warum sollten andere Tiere das nicht tun?

Wie schaffte es der Tourist, den Gorilla zu retten?

→ Der Ökotourismus mag seine Schattenseiten haben, doch er kann unser Bewußtsein schärfen und dem Naturschutz dienen, von finanzieller Hilfe bis hin zur Bekämpfung der illegalen Jagd auf die beliebten Berggorillas von Ruanda. Wenn er richtig gemacht wird, können alle Seiten profitieren.

Biodiversität ist ein wichtiger Tourismusmagnet. Das kann Probleme mit sich bringen, von der Störung natürlicher Ökosysteme bis hin zu den umweltschädlichen Auswirkungen des Reisens. Doch wenn Tourismus das Interesse an der Natur fördert, kann er der Biodiversität auch einen enormen Schub verleihen.

Die Bedingungen in einem Ökosystem, die Menschen kulturelles Wohl und Nutzen bringen, werden als kulturelle Dienstleistungen bezeichnet. Diese können materiell oder immateriell sein, und von Freizeitaktivitäten über ästhetische Werte und Inspiration bis hin zu spiritueller Besinnung reichen. Solche Leistungen beruhen auf unserem geistigen und körperlichen Austausch mit der Natur und die Verbindungen werden wahrscheinlich umso tiefer reichen, je komplexer das Ökosystem ist. Kulturelle Leistungen inspirieren uns mehr als alles andere dazu, die Natur um ihrer selbst willen zu schätzen und nicht nur als Ressource für unseren eigenen Gewinn zu betrachten. Kulturelle Ökosystemleistungen können schwer zu quantifizieren sein, da sie auf subjektiver Erfahrung basieren. Fest steht, dass die Wechselbeziehungen zwischen Mensch und Natur, beide beteiligten über Millionen von Jahren geformt haben.

Ökologisch ausgerichteter Tourismus bietet einen direkten, praktischen Nutzen. Touristen profitieren von Safaris, denn sie lieben Tiere und Pflanzen lieben. Dadurch können vor Ort mehr Wildhüter bezahlt werden, die stark gefährdete Tiere überwachen und Wilderei verhindern.

Im Rahmen sogenannter Citizen-Science-Projekte können Amateur-Naturschützer mit Apps Wildtiere erfassen und so wertvolle Daten für die Wissenschaft erheben. Touristen können bei der Wiederherstellung von Ökosystemen helfen, indem sie beispielsweise invasive Feuerfische jagen. Diese haben sich von Nordamerika nach Brasilien ausgebreitet und dezimieren andere Lebewesen entlang ihres Wegs. Touristen die Nationalparks besuchen, um geschützte Berggorillas zu sehen, generieren jährlich über 100 Millionen US-Dollar für die Regierung Ruandas. Dieses Geld fließt zurück in die Erhaltung von Naturräumen und fördert so die allgemeine Biodiversität. Die Spezies der Berggorillas war einst im Verschwinden begriffen. Jetzt sind sie die einzige Menschenaffenart, deren Population wieder zunimmt. Das ist ein seltener Erfolg für den Naturschutz.

SCHUTZGEBIETE

In gewisser Weise ist der Ökotourismus eine symbiotische Beziehung zwischen Mensch und Natur. Menschen ziehen nicht-materielle Vorteile daraus und ihr Geld hilft bei der Wiederherstellung der besuchten Ökosysteme. Speziell ausgewiesene Schutzgebiete halten diese Verbindung aufrecht: Regionen, die durch Gesetze oder andere Mittel geschützt und im Sinne des Naturschutzes verwaltet werden. Weltweit gibt es fast 300.000 Schutzgebiete, in den Ozeanen und an Land. Ökotourismus ist eine wachsende und nachhaltige Strategie, um sie zu fördern.

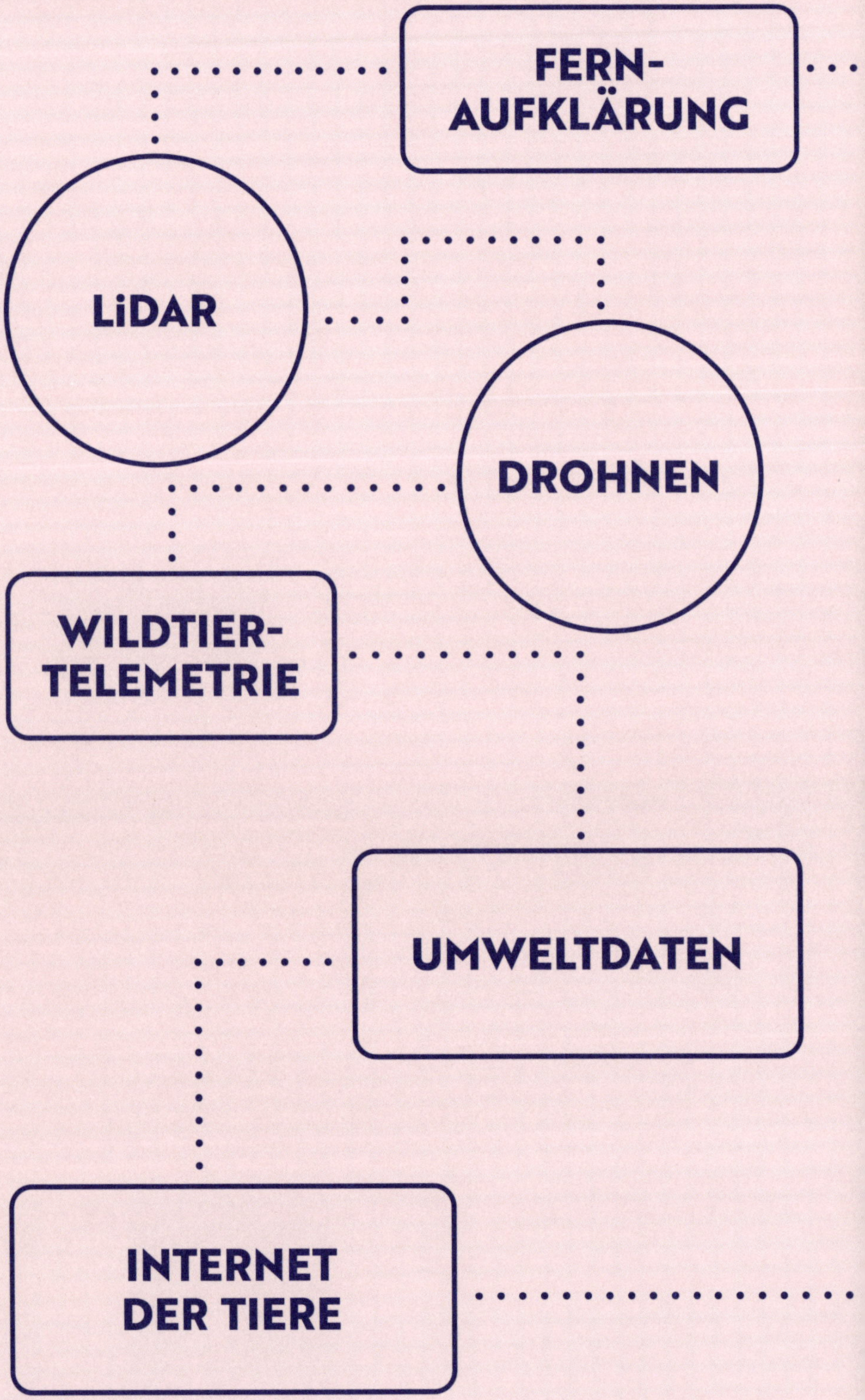
FERN-
AUFKLÄRUNG
LiDAR
DROHNEN
WILDTIER-
TELEMETRIE
UMWELTDATEN
INTERNET
DER TIERE

KAPITEL 5

TECHNOLOGIE

ÖKOLOGIE

KÜNSTLICHE INTELLIGENZ

ROBOTER

EINLEITUNG

Das Verständnis der Biosphäre ist der Schlüssel zu ihrem Schutz. Das Wissen, wo Arten leben, wie sie sich fortpflanzen, interagieren und wie sich bewegen, hilft uns Veränderungen in ihren Merkmalen, Verhaltensweisen oder Eigenschaften zu interpretieren, die sich auf Ökosystemleistungen auswirken können. Zu den **ESSENTIELLEN BIODIVERSITÄTSVARIABLEN (EBVS)** gehören die Zusammensetzung von Lebensgemeinschaften oder Populationsdichten. Ihre Erfassung kann Aufschluss über den Zustand von Lebensräumen geben und zur Gestaltung und Bewertung nationaler und internationaler Ziele zum Erhalt der Biodiversität beitragen. Um Daten über Biodiversität zu sammeln, nutzt die Wissenschaft viele verschiedene Techniken, von der eigenen Sehkraft bis hin zu fortschrittlichen Technologien zur Erkennung, Erfassung und Analyse der Gesundheit, der Aktivitäten und des Verhaltens bestimmter Organismen. Alle diese Methoden haben Vor- und Nachteile und sie legen verschiedene qualitative und quantitative Maßstäbe an die Natur an. In einigen Weltgegenden reichen die Aufzeichnungen von Amateur- und Berufsforschern Hunderte von Jahren zurück und dokumentieren so langfristige räumliche Veränderungen der Biodiversität. Im Grundeln ihrer einfachsten Ausprägung dokumentieren die Daten entweder die An- oder Abwesenheit einer Art, was jedoch nicht heißt, dass alle anwesenden Artenauch tatsächlich erfasst wurden.

Ökologen können diese Daten nutzen, um **ÖKOLOGISCHE NISCHENMODELLIERUNGEN** zu erstellen, beliebte modellhafte Vereinfachungen mit deren Hilfe zurückgeblickt werden kann und künftige auch globale Folgen abgeschätzt werden können. Sie kombinieren weltweite Artenbeobachtungen mit Umweltvariablen. Immer größere, moderne Satellitennetzwerke bilden Umweltvariablen von der Atmosphäre bis zum Ozean mit höherer Auflösung und Genauigkeit ab als je zuvor. Rohdaten zu Arten stammen aus vielen Quellen, die sich in Umfang und Qualität unterscheiden. Dazu gehören naturgeschichtliche Sammlungen, manuelle Erhebungen, globale Datenbanken wie die Global Biodiversity Information Facility (GBIF), Inventuren von Nationalparks und Expertenberichte. Die Zugänglichkeit dieser Daten hat sich stark verbessert, doch es gibt nach wie vor ökologische und geografische Verzerrungen.

Dank der Technik können wir die weltweite Biodiversität viel genauer erfassen, Veränderungen bewerten und abschätzen, was die Zukunft bringen mag. Das gilt auch für Orte, die dem menschlichen Auge verborgen sind. Etwa zur Zeit des Ersten Weltkrieges erfanden Wissenschaftler die ersten **HYDROPHONE** um Eisberge und U-Boote zu orten. Jetzt belauschen wir damit auf der ganzen Welt das Leben im Meer. Funksender erschienen in den 1950er Jahren, gefolgt von der **SATELLITENTELEMETRIE** in den 1990er Jahren. **KAMERAFALLEN**, erstmals 1877 eingesetzt, haben den Naturschutz revolutioniert, indem sie uns einen Einblick in das verborgene Verhalten von Wildtieren gaben sowie neben vielen lustigen Selfies.

GEOPHONE können das Verhalten von Elefanten anhand von Vibrationen im Boden erfassen. Dank Wärmebild- und Sonartechnik können wir Tiere im metaphorischen und tatsächlichen Dunkel erkennen. Riesige Netzwerke von Stationen und Sensoren übertragen Daten um die Welt. Moderne Computer und maschinelles Lernen können Daten rasend schnell analysieren. Hier herrscht ein besonderer Bedarf, denn der technische Fortschritt war der Datenanalyse seit einiger Zeit davongelaufen, was zu einem Datenstau geführt hat.

Unsere Fähigkeit, die Komplexität und Vielfalt des Lebens auf der Erde zu erkennen, hält sich noch in Grenzen, aber mit neuen Werkzeugen die die Vergangenheit der Arten entschlüsseln und ihre Zukunft vorhersagen, wird der Blick auf die Welt noch schärfer.

ÜBERSICHT DER MÖGLICHKEITEN

ÜBERWACHUNG UND BEOBACHTUNG

DATEN

INTERNET DER TIERE (IOA)

Groß angelegte Infrastruktur, verbindet kontinuierliche Beobachtung mit Datensätzen und künstlicher Intelligenz um Tiere nahezu in Echtzeit zu verfolgen.

SATELLITEN-TELEMETRIE

Aufzeichnung von Tierbewegungen durch Satelliten, die Signale von an Tieren befestigten Sendern empfangen.

KAMERAFALLE

Spezielle Kamera, erzeugt Daten bezüglich des Vorkommens und Verhaltens von Arten, ihrer Populationsgrößen und Interaktionen miteinander.

UMWELT-DNA (EDNA)

DNA -Spuren die Pflanzen und Tiere in der Umwelt hinterlassen. Können gesammelt und von Wissenschaftlern sequenziert werden, um die Biodiversität zu überwachen.

FERNERKUNDUNGS-TECHNIK

Leistungsstarke Kameras und Sensoren an Flugzeugen und Satelliten zur Erfassung ökologisch relvanter Umweltdaten von der Erdoberfläche.

VERFOLGUNG

ESSENTIELLE BIODIVERSITÄTSVARIABLEN (EBVS)
Sechs Kernvariablen wie die Zusammensetzung einer Gemeinschaft und Populationsdichte, die Wissenschaftler verwenden, um Forschung und Analyse der Biodiversität zu fokussieren.

GEOPHON
Akustischer Sensor der auf Bodenvibrationen reagiert. Kann zur Verfolgung der Bewegungen von Großsäugern wie Elefanten genutzt werden.

HYDROPHON
Unterwassermikrofon das zum Aufnehmen und Abhören von Geräuschen entwickelt wurde.

ÖKOLOGISCHE NISCHENMODELLIERUNGEN
System, das Umweltdaten verwendet, um Artenausbreitung geografisch und im Laufe der Zeit zu bewerten und vorherzusagen.

AKUSTISCHE ÖKOLOGIE

Technische Überwachung biologischer, geologischer und menschengemachter Geräuschlandschaften (Klangschaften) an Land und im Meer, um Veränderungen in der natürlichen Umwelt aufzuspüren.

AKUSTISCHE LOCKMITTEL
Abspielen von Tiergeräuschen. Soll zur Wiederbesiedlung von Lebensräumen anregen mit dem Ziel, ganze Gemeinschaften wieder aufzubauen.

GLOBAL POSITIONING SYSTEM (GPS)
Hochpräzises globales Netzwerk aus Satelliten und Empfängern zur Bestimmung der Position von Orten oder Objekten auf der Erde.

DOPPLER-SENSOR
Gerät, das ein konstantes Signal niederenergetischer elektromagnetischer Strahlung auf einen Zielbereich richtet und dann das zurückgeworfene Signal analysiert.

LIDAR-TECHNOLOGIE
Laserscannen einer Umgebung vom Boden und aus der Luft, um 3D-Modelle der Landschaft zu erstellen, die die Qualität des Lebensraums bestimmen können.

Kann man Elefanten aus dem Weltraum erkennen?

→ Ja! Wissenschaftler nutzen verschiedene Technologien, um Arten und Ökosysteme aus der Ferne zu analysieren. Dazu gehören auch Sensoren auf Satelliten im Erdorbit.

Wissenschaftler versuchen seit langem, die Artenvielfalt unseres Planeten zu verstehen und zu erklären. Wenn wir wissen, warum bestimmte Gebiete besonders artenreich sind, können wir den Rückgang der Biodiversität besser untersuchen und beurteilen, wo wir begrenzte Naturschutzressourcen investieren.
In den letzten Jahrzehnten hat sich die Fernerkundung zu einem zentralen Instrument des Naturschutzes entwickelt. Forscher haben nun Zugang zu vielen leistungsstarken Kameras und Sensoren in Flugzeugen und Satelliten, die Daten über das Leben auf der Erdoberfläche sammeln. Sie können hochauflösende Bilder davon aufnehmen oder die elektromagnetische Energie von der Sonne erkennen, die von der Erde reflektiert wird. So werden Informationen über die zugrunde liegende Umwelt und Ökologie offengelegt. Umweltschützer können mittels Fernerkundung die biophysikalischen Eigenschaften von Pflanzen sowie Umweltvariablen messen. Da diese Parameter die Artenverteilung und -häufigkeit in einer Landschaft beeinflussen, können wir so besser verstehen, wie und warum Organismen bestimmte Räume besiedeln. Forscher können Lebensräume kartieren und überwachen, invasive Arten und illegale Wilderei beobachten, Waldbrände erkennen und den Zustand ganzer Ökosysteme wie Regenwälder und Korallenriffe bewerten.
Die LiDAR-Technologie wird auch häufig in der Biodiversitätsforschung eingesetzt. LiDAR tastet vom Boden oder aus der Luft ein Gelände und seine Vegetation mit Laserstrahlen ab und erstellt 3D-Modelle davon. Das sind wichtige Indikatoren für die Qualität des Lebensraums.
Drohnen sind ein weiteres wichtiges Instrument zur Überwachung und Ortung von Wildtieren. Oft kommen KI-basierte Erkennungsmethoden hinzu, und auch sie können Fernerkundungstechnik nutzen. Meeresforscher nutzen Drohnen, um den Ozean zu kartieren, zahlreiche Umweltvariablen zu messen und Unterwasserlebewesen zu beobachten. Weil so viele Satelliten, auch zunehmend in niedrigen Umlaufbahnen, auf uns herabblicken, können Wissenschaftler und Naturschützer ein immer detaillierteres Bild des Lebens auf der Erde zeichnen.

FERNERKUNDUNGS-BEREICHE

Fernerkundungstechnik ist zum wesentlichen Werkzeug der Erforschung und Bewahrung von Biodiversität geworden. Hunderte von Satelliten überwachen heute die Ökosysteme unseres Planeten. Dank der Fortschritte in der Fernerkundung können Wissenschaftler Arten durch direkte Beobachtung unterscheiden, bis hin zu einzelnen Tieren, Bäumen und Pflanzen. Sie können tatsächlich einen Elefanten aus dem Weltraum erkennen.

Wie schlafen Vögel im Flug?

→ Einige tun es, indem sie nur eine Hälfte ihres Gehirns benutzen. Das wissen wir, weil uns tragbare Technologien noch tiefere Einblicke in komplexes Tierverhalten gewähren. Auch Veränderungen in Ökosystemen können wir so besser verstehen.

Während des Zweiten Punischen Krieges (218–201 v.u.Z) band ein römischer Offizier einen Faden mit einer Nachricht an das Bein einer Schwalbe, die damit zu einer belagerten Garnison flog. Das war die erste dokumentierte „Vogelberingung". Im Jahr 1902 befestigte der amerikanische Zoologe Paul Bartsch (1871–1960) nummerierte Bänder an Nachtreihern und führte damit ein wissenschaftliches Beringungssystem ein, das bis heute verwendet wird. Bartsch wäre wahrscheinlich erstaunt, wie sich die Tierbeobachtung seither weiterentwickelt hat.

In den letzten Jahrzehnten ist tragbare Überwachungstechnologie smarter, billiger und kleiner geworden. Wissenschaftler verfolgen heute Tiere, bei ihrer Wanderung über Kontinente und bei Tauchgängen in die Tiefe der Ozeane. Die Einführung von hochtechnisierten, kostengünstigen und kleinen Geräten mitsamt der von ihnen generierten Daten hat ein goldenes Zeitalter der Tierbeobachtung eingeläutet. Wissenschaftler können Tierbewegungen, besondere Verhaltensweisen und sogar innere Zustände erfassen. So wissen wir, dass Weiße Haie durch Meeresstrudel reisen, um in der mesopelagischen Zone zu fressen, wo das Licht zu Schwarz verblasst. Eine Meeresschildkröte mit einer Videokamera zeichnet ihre Begegnung mit einem räuberischen Tigerhai auf. Sie stürzte sich auf ihn und schnappte zu bevor sie unversehrt das Weite sucht. Fregattvögel, die monatelang über den Ozeanen kreisen, schlafen im Flug und nutzen dabei nur eine Hirnhälfte.

Umweltveränderungen schlagen sich meist zuerst im Tierverhalten nieder. Kombinieren wir Tierüberwachung mit detaillierten Umweltdaten, können wir sehen, welche Faktoren welche Verhaltensweisen auslösen. Tiere indizieren die Gesundheit von Lebensräumen, komplexe Veränderungen in Ökosystemen und die Rolle, die klimatische Faktoren dabei spielen könnten. Sie beobachten die Umwelt direkt und entschlüsseln sie für uns: Es waren Haie, die uns zum größten Seegras-Ökosystem der Welt führten und tief tauchende Robben zu einer verborgenen Schlucht in der Ostantarktis, knapp einen Kilometer tiefer als der vermutete Meeresboden.

Die Technologie wird sich weiterentwickeln und weniger invasiv werden. Wissenschaftler entwickeln tätowierungsähnliche Markierungen und Häute aus flexiblem Material mit integrierten Sensoren. Anderen gelang soeben die Meisterleistung, die Gehirnaktivität eines sich frei bewegenden Oktopus aufzuzeichnen. Vielleicht können uns diese Kopffüßer eines Tages mitteilen, worüber sie nachdenken.

DAS INTERNET DER TIERE

Wissenschaftler bauen derzeit eine riesige Infrastruktur zur Tierüberwachung auf, das sogenannte Internet der Tiere. Es wird kontinuierliche Überwachung mit riesigen Datensätze und künstlicher Intelligenz kombinieren, so dass Tiere von allen nahezu in Echtzeit verfolgt werden können, von einzelnen Insekten bis hin zu Schwärmen von Zugvögeln. Es wird Antworten auf viele Naturschutz- und Ökologiefragen geben, helfen, Wilderei und Krankheiten aufzuspüren, und selbst vor Erdbeben und Vulkanausbrüchen könnte es uns früher warnen.

Nützt das Geräusch eines fallenden Baums im Wald der Wissenschaft?

→ Vielleicht, doch das „akustische Loch" das im Ökosystem zurückbleibt, gibt allein schon Aufschlüsse. Die Akustische Ökologie belauscht Ökosysteme, von Vogelstimmen bis hin zum unvergleichlichen Gesang der Wale.

Das morgendliche Konzert ist die typische Begleitung des Tagesanbruchs. Mehr Stimmen bedeuten natürlich mehr Vögel, doch Wissenschaftler können nun viel mehr aus diesem Chor ableiten, von der Gemeinschaft anwesender Arten bis zum Gesundheitszustand und der Struktur des Ökosystems selbst.
Nicht nur Vögel werden belauscht. Von den Wäldern Borneos bis zu den Böden der Arktis richten Forscher ihre Mikrofone auf die bemerkenswerte Vielfalt natürlicher Geräusche. Ihr Fachgebiet ist die akustische Ökologie und sie erkunden Klangschaften, die Landschaften des Klanges. Ökosysteme sind laut. Die Tiere der Regenwälder und Wüsten teilen sich durch Johlen, Zwitschern, Knurren und Brüllen mit. Korallenriffe, von denen man einst dachte, sie seien still, geben ein Konzert aus Klick- und Knallgeräuschen von sich. Selbst Pflanzen machen bei Stress Geräusche, wenn sie im Stress sind, wenn auch für Menschen unhörbar.
Mit immer besserer Ausrüstung zur Aufnahme und Analyse von Geräuschen können wir die akustische Vielfalt der Klangschaften auseinandernehmen, angefangen bei Individuen, die wir an ihrer einzigartigen Tonsignatur erkennen. So kann die Wissenschaft, die biologische Vielfalt erfassen und seltene oder sogar Kryptoarten entdecken – verschiedene Arten die oberflächlich identisch sind. Von oben betrachtet kann der akustische Fingerabdruck eines Ökosystems und seiner Wandlungsprozesse Aufschluss über den Allgemeinzustand der Gemeinschaft geben, welche Arten einwandern und welche abgewandert sind.
Die akustische Ökologie ist eine effiziente, kostengünstige Methode zur Überwachung und der Dynamik der Biodiversität großer Gebiete, zu Land und im Meer. Klanglandschaften umfassen biologische, geologische und menschengemachte Geräusche. Sie alle können Aufschluss darüber geben, wie sich die lebendige Welt verändert und was die Ursachen dafür sein könnten. Ein umgestürzter Baum entfernt Teile der Tonsignatur, was den neuen Zustand des Lebensraums abbildet.
Nun geht die Forschung den Schritt von passiver Überwachung zu aktiver Restauration. Tierlaute werden als akustische Köder eingesetzt, um so unterschiedliche Tiere wie Frösche, Fledermäuse und Wale zur Wiederbesiedlung von Gebieten anzuregen. Mit dieser Technik könnte man eines Tages vielleicht ganze Gemeinschaften wieder aufbauen.

WALGESANG

Klang ist kein neues Instrument im Artenschutz. Die ergreifenden Klänge des Walgesangs sind inzwischen allgemein bekannt und vielleicht haben sie sogar die Wale gerettet. Der amerikanische Wissenschaftler Roger Payne (1935–2023) entdeckte 1967, dass Wale singend miteinander kommunizieren. Mit Hilfe der Aufnahmen reif er eine Bewegung zu ihrem Schutz ins Leben, denn es waren vor allem unsere Harpunen, die sie in allen Ozeanen dezimierten. Paynes Arbeit erhöhte den öffentlichen Druck auf der ganzen Welt bis der kommerzielle Walfang 1986 verboten wurde.

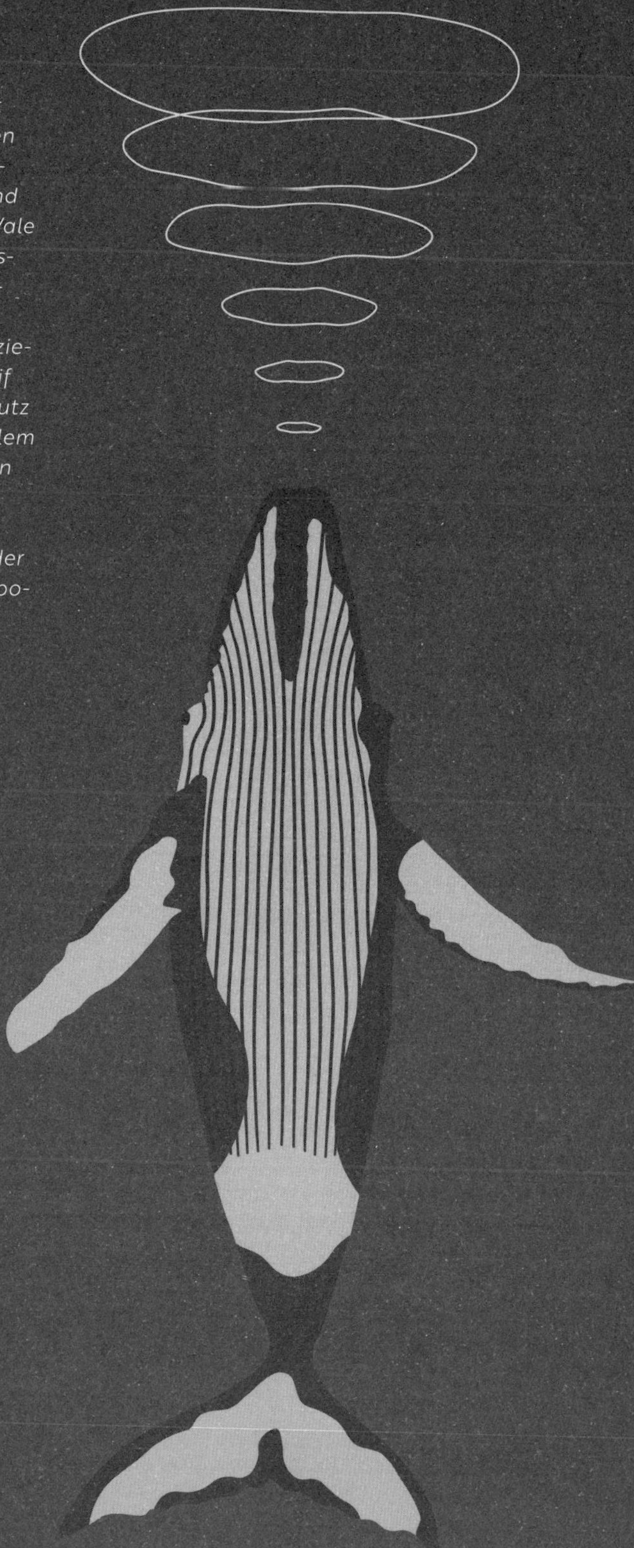

Wenn ein Fisch zum Mörder wurde, können wir sagen welcher?

→ Ja, doch wir bräuchten immer noch einen guten Polizisten dazu. Immerhin können wir seit dem Einzug der Umwelt-DNA sagen, welche Art zum fraglichen Zeitpunkt am Tatort war.

Genauso wie Menschen DNA-Spuren an einem Tatort hinterlassen, tun dies auch alle Pflanzen und Tiere. Jüngste Fortschritte bei der Erfassung und Sequenzierung dieser Umwelt-DNA (eDNA) revolutionieren Überwachung und Erhalt der Biodiversität.
Kein Tier muss mehr gefangen werden, es muss sich nicht mal vor Ort befinden. Meerestiere wie Fische verstreuen ihre DNA schwimmend im Meer, das Fell oder der Kot eines Schneeleoparden hinterlassen genetische Marker. Ob in Pflanzenwurzeln, Pollen, Eier, Haut, Speichel oder Urin, DNA ist überall. Wissenschaftler extrahieren DNA aus Umweltproben wie vom Boden oder Wasser und vervielfältigen dann die interessanten Segmente im Labor. Mit einer Technik, die als DNA-Barcoding bekannt ist, können sie dann einzelne, selbst scheue, Arten aufspüren. Umwelt-DNA in Kombination mit DNA-Metabarcoding, einer Methode zur gleichzeitigen Analyse mehrerer DNA-Proben, ermöglicht eine schnelle und genaue Bewertung der Biodiversität in Ökosystemen. Das ist eine effiziente Methode, um invasive Arten frühzeitig zu erkennen, so wie den zerstörerischen amerikanischen Ochsenfrosch, der derzeit durch mehr als 40 Länder hüpft. Auch um Gewässer zu scannen, in die mikrobielle Welt zu blicken und nach neu auftretenden Krankheitserregern zu suchen wird die Methode angewandt. DNA kann lange Zeit überdauern und deshalb können wir komplexe Porträts früherer Welten erstellen. 2022 entdeckten Wissenschaftler mithilfe von eDNA ein einst blühendes, zwei Millionen Jahre altes Ökosystem im heutigen Grönland. Sie fanden die Signaturen von Bäumen wie Birken und Pappeln sowie von arktischen Sträuchern und Kräutern, viele davon neu in der Region. Hinzu kamen Tiere wie Hasen, Mastodonten und Rentiere. Belege für Pfeilschwanzkrebse und Algen deuteten auf ein Klima hin, das viel wärmer war als das heutige. Meeresbiologen haben mittels eDNA ermittelt, wie sich Biodiversität durch Meeresschichten verlagert und sie haben Unterschiede in den Artengemeinschaften von Häfen analysiert. Andere fanden Bärtierchen (mikroskopisch kleine Wirbellose), Tibetkönigshühner und Haushunde auf dem Gipfel des Mount Everest. Die Technik ist relativ neu und in Entwicklung begriffen. Eine neue Methode erlaubt Forschern eDNA direkt aus der Luft ansaugen, was den Prozess noch effizienter macht. Die Schrotschuss-Sequenzierung, eine molekularbiologsche Technik, wird den Prozess noch billiger und einfacher machen.

MENSCHLICHE GENE ALS BEIFANG

Wissenschaftler haben kürzlich aufgezeigt, dass Proben von Umwelt-DNA leicht große Mengen menschlicher DNA aufweisen können, was sie als „genetischen Beifang" bezeichnen. Das hat ethische Fragen aufgeworfen. Wem gehört in der Umwelt verstreute DNA? Wie sollten oder könnten diese Daten geschützt werden? Die Entdeckung könnte auch sinnvolle Anwendungen finden, so wie das Aufspüren von Menschen, die am illegalen Wildtierhandel beteiligt sind, oder bei der Suche nach archäologisch bedeutsamen Stätten.

Wann ist eine Qualle keine Qualle mehr?

→ Wenn sie ein Roboter ist. Fortschritte in der Robotik haben alles Mögliche hervorgebracht, von fleißigen Baumpflanzrobotern bis hin zu Roboterquallen, die Korallenriffe reinigen und Naturschützern neue Werkzeuge zur Beobachtung und zum Schutz der Biodiversität geben.

Die unterschiedlichsten Roboter arbeiten bereits an der Erhaltung der Biodiversität weltweit. Eine wichtige Anwendung ist das sogenannte Monitoring, die Überwachung eines Zustands in Echtzeit.

Mit Drohnen wurde Umwelt-DNA von Baumästen gesammelt und unter Wasser operieren zahlreiche autonome und teilautonome Drohnen. Ausgestattet mit Technik wie Computer-Vision, GPS, Druck-und Dopplersensoren um sich auszurichten, und anderen, um Umweltdaten zu messen, treiben sie mit den Meeresbewohnern dahin und beobachten diese in ihrer Heimat im Ozean.

Echolot-Roboter entdecken Biodiversitäts-Hotspots in schwer zugänglichen Tiefseelebensräumen. Flugroboter beproben den Schleim blasender Wale und sammeln die wertvollen Daten für die Wissenschaft. Forscher am Max-Planck-Institut haben kürzlich einen Roboter entwickelt, der aussieht und schwimmt wie eine Qualle. Die pumpenden Schwimmbewegungen der Quallen erzeugen Strömungen, die sie zur Nährstoffaufnahme nutzen. Der Roboter macht das, um Plastikfragmente aufzunehmen, und könnte so zur schonenden Reinigung von Korallenriffen eingesetzt werden. Roboter können auch die Biodiversität beeinflussen. Es gibt Roboter, die viel schneller als Menschen Bäume pflanzen können. Wissenschaftler in Deutschland entwickeln Roboter-Bienenstöcke, komplett mit Systemen zur Überwachung der Bienengesundheit und sogar zur Änderung ihres Verhaltens. Roboterhunde hoppeln durch die Wälder um Pisa und überprüfen die Bäume.

Roboter können auch schädliche Lebensformen beseitigen. Australische Wissenschaftler haben Tauchroboter entwickelt, die tödliche Gallensalze in Dornenkronenseesterne injizieren, eine giftige invasive Art, die sich von Korallenriffen ernährt.

Und sie können zur Ernte eingesetzt werden. Eine Roboter-Himbeere hilft dabei, andere Roboter für die Ernte von Früchten zu trainieren. Eines Tages könnten Roboter zur selektiven Fischerei eingesetzt werden und den Beifang reduzieren.

Es gibt viel Optimismus in Bezug auf Robotik und Naturschutz, doch ebenso wird daran erinnert, dass Roboter kein Allheilmittel sind. So werden bei ihrer Herstellung und Entsorgung Resourcen verbraucht und die Umwelt wird verschmutzt, was den Rückgang der biologischen Vielfalt zu verschärfen droht. Vor allem besteht die Gefahr, dass mehr Roboter unser eigenes Verantwortungsgefühl für den Schutz der Umwelt mindern könnten.

ROBOTERSCHWÄRME

Menschen haben sich bei der Entwicklung neuer Roboter stark von der Natur inspirieren lassen. Dies gilt auch für Bewegungsmuster. Das kollektive Verhalten bestimmter Tiere etwa in Fisch- und Vogelschwärmen oder Bisonherden, folgt Regeln, die Wissenschaftler mit Maschinen nachbilden. Robotiker sind dabei, Schwärme unbemannter, intelligent miteinander kommunizierender Drohnen zu entwickeln, um bestimmte Aufgaben zu erledigen. Roboterschwärme könnten Ölteppiche beseitigen, Nutzpflanzen bestäuben und massenhaft die Biodiversität beproben.

Wird KI die Biodiversität der Erde retten?

→ Sie ist heute schon ein leistungsstarkes Instrument für den Umweltschutz. Vom Aufspüren wandernder Lachse bis hin zu illegalen Goldminen – künstliche Intelligenz gibt uns tiefere Einblicke in die biologische Vielfalt und ihren Rückgang.

KI hat heute schon tiefgreifende Auswirkungen auf die wissenschaftliche Forschung, auch in den Bereichen Klima, Biodiversität und Naturschutz. Im Kern verwendet maschinelles Lernen mathematische Algorithmen, um riesige Datensätze zu analysieren und Vorhersagen oder Entscheidungen zu treffen. Die meisten der in diesem Kapitel beschriebenen technologischen Entwicklungen basieren entweder auf riesigen Datenströmen oder sie erzeugen diese. Menschen können Stunden, Tage oder Wochen für die Analyse eines Datensatzes benötigen, den ein Algorithmus in Sekunden bewältigt. Das kann manch wichtige Entscheidungen, die wir zum Schutz der Biodiversität treffen müssen, beschleunigen. Ein neues KI-Programm namens CAPTAIN erstellt Kosten-Nutzen-Analysen zur Priorisierung bestimmter Schutzgebiete. Das System verrechnet Daten zu Biodiversität und Klima und sogar Naturschutzbudgets. Es kann Ökosysteme wie Korallenriffe oder Regenwälder simulieren und die Auswirkungen möglocher ökologischer und anthropogener Faktoren auf die Biodiversität vorhersagen. Außerdem hilft KI Wissenschaftlern, die Biodiversität besser zu verstehen. Dank neuester Fortschritte in der Computer-Vision, einer Kategorie des maschinellen Lernens, können Bilder aus der gesamten Biosphäre schnell interpretiert werden. Forscher können Lachspopulationen in Alaska mit Sonarbildern verfolgen. Früher mussten Menschen einzelne Fische zählen, jetzt erledigt eine Maschine diese Aufgabe. KI kann rasend schnell und immer genauer aus Bildern oder Filmen Arten bestimmen.

Programme können darauf trainiert werden, die Verhaltensweisen von Tieren zu erkennen, was bei der Klassifizierung und Überwachung einzelner Arten helfen kann. Auf breiterer Ebene kann KI die Artenvielfalt einer Gemeinschaft ermitteln, indem sie Unmengen an Gendaten durchsucht oder komplexe Tonlandschaften analysiert. Sie wird häufig zur Analyse von Umweltvariablen verwendet, die für die Biodiversität relevant sind. Algorithmen können Windgeschwindigkeiten aus Videos windgepeitscher Bäume ablesen und bewerten, wie sich Walrosspopulationen an den Wandel der Arktis anpassen. KI ist auch ein leistungsstarkes Instrument zur Messung des Rückgangs biologischer Vielfalt und der Erfassung seiner Ursachen wie den illegalen Goldminen im Amazonas-Regenwald.

„CITIZEN SCIENCE – DIE WISSENSCHAFT DER BÜRGER"

KI hilft dem Naturschutz, indem sie Bürger mit Natur-Apps in wissenschaftliche Arbeit mit einbezieht. Einige davon nutzen Algorithmen für maschinelles Lernen, um Arten aus Bildern oder anhand der von ihnen erzeugten Geräusche zu identifizieren. Mit diesen Apps können wir fast überall auf der Welt Biodiversitäts-Daten sammeln und analysieren. Das trägt kostengünstig zu wissenschaftlichen Forschungsprojekten bei und liefert dringend benötigte Informationen. „Citizen Science" verbessert das öffentliche Engagement für die Wissenschaft. Je mehr Menschen sich mit der Natur verbinden, desto mehr Verantwortungsbewußtsein entsteht.

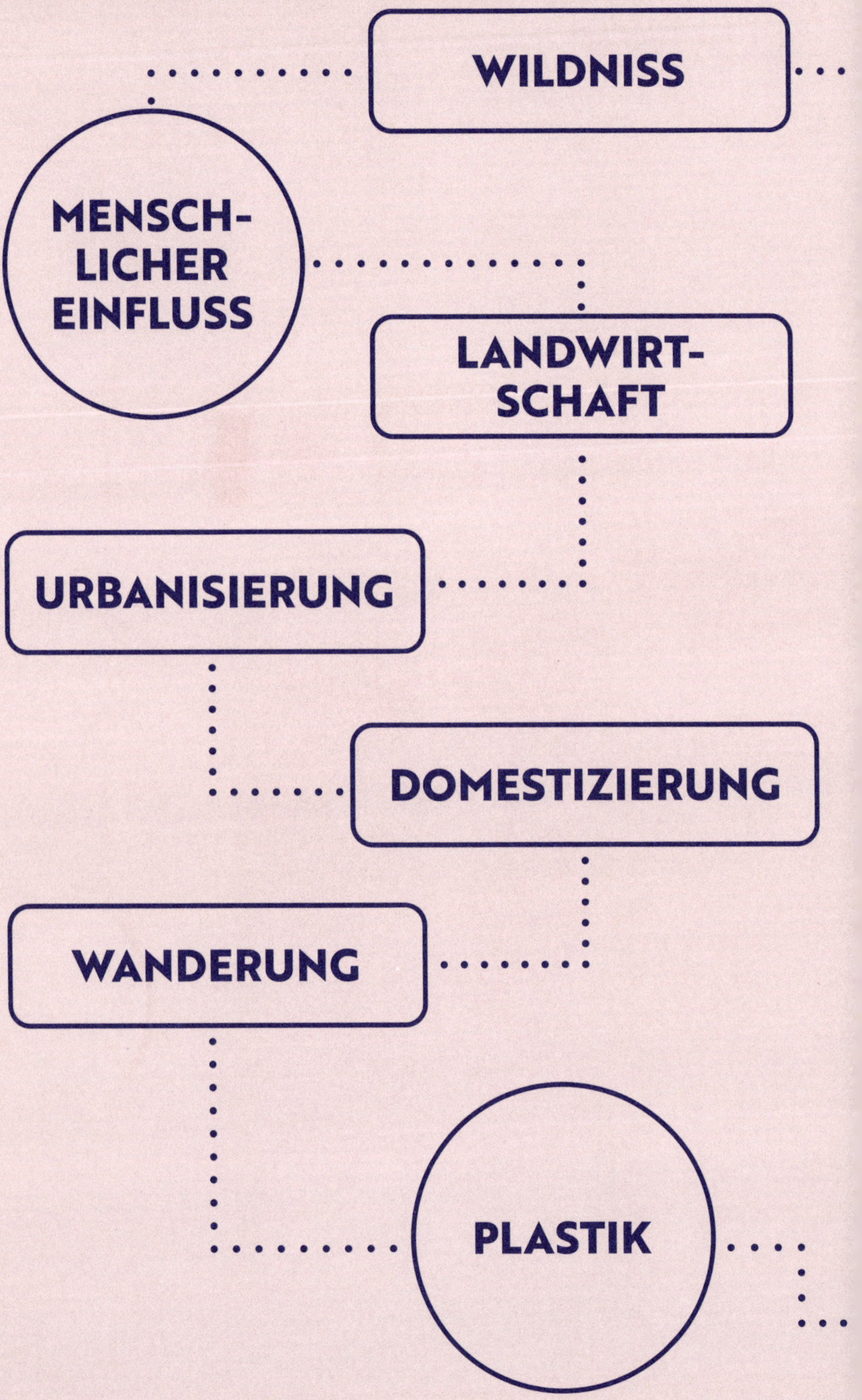
WILDNISS
MENSCH-
LICHER
EINFLUSS
LANDWIRT-
SCHAFT
URBANISIERUNG
DOMESTIZIERUNG
WANDERUNG
PLASTIK

KAPITEL 6

DAS ANTHROPOZÄN

INVASIVE ARTEN

AUSLÖSCHUNG

EINLEITUNG

Wenn wir uns die 4,6 Milliarden Jahre Erdgeschichte als einen einzigen Tag vorstellen, trat Leben das erste Mal um vier Uhr morgens auf. Zur Mittagszeit war die Atmosphäre sauerstoffreich, um 21 Uhr 30 besiedelten Pflanzen das Land und die Tiere folgten gegen 22 Uhr. Und dann, einen Sekundenbruchteil vor Mitternacht, traten Menschen auf den Plan.

Tatsächlich ist die geologische Vergangenheit der Erde in Äonen, Perioden, Epochen und Alter unterteilt. Diese Einheiten der **GEOLOGISCHEN ZEITSKALA** werden durch einschneidende Ereignisse markiert, die das Leben erheblich veränderten. Ein Beispiel ist der Asteroid, der die meisten Dinosaurier auslöschte und das Mesozoikum (von vor 252 bis 66 Millionen Jahren) beendete. Offiziell befinden wir uns noch im **HOLOZÄN**, einer Epoche, die nach der letzten Eiszeit vor etwa 12.000 Jahren begann. Obwohl die Menschheit erst seit einem geologischen Wimpernschlag existiert, hat sie so tiefgreifend auf die Physik, Chemie und Biologie unseres Planeten eingewirkt, dass einige Wissenschaftler den Beginn eines neuen Zeitalters befürworten, dem **ANTHROPOZÄN**.

Sollte das Anthropozän den Status einer offiziellen geologischen Epoche erhalten, wäre das ein Eingeständnis, dass menschliche Aktivitäten den Planeten so verändert haben, dass es nicht länger natürliche Systeme sind, die die Abläufe auf der Erde bestimmen. Durch Landnutzung, Düngemittel, fossile Brennstoffe und einiges mehr hätten Menschen eine derart dominante Position auf dem Planeten eingenommen, dass sie mit anderen geologischen und tektonischen Kräften konkurrieren.

Man nimmt an, dass die langen Zyklen unseres Klimas, wie Eiszeiten, stark von den **MILANKOVIĆ-ZYKLEN** bestimmt wird. Diese

Zyklen stehen im Zusammenhang mit der Neigung und dem Taumeln der Erde, bei ihrer Bahn um die Sonne, sowie mit ihrer genauen Umlaufbahn. Jüngste Forschungsergebnisse deuten darauf hin, dass die Verbrennung fossiler Brennstoffe den Beginn der nächsten Eiszeit verzögert hat und sie möglicherweise um weitere 100.000 Jahre verzögern wird. Da das Klima die Biodiversität beeinflusst, könnte unser Abdruck das zukünftige Leben grundlegend verändern.

Die Zuweisung einer neuen geologischen Phase ist kein triviales Unterfangen. Die Internationale Stratigraphische Kommission (ICS) muss sie offiziell erklären, auf Grundlage von Beweisen aus Gesteinsschichten. Der Hauptindikator sind Fossilien, die auf die Existenz und den Verlust von Leben hinweisen. Die Spuren einer neuen Zeit müßten sich über Ozeane und Kontinente hinweg deutlich abzeichnen und Tausende oder Jahrmillionen in die Zukunft reichen. Es gibt Vorschläge, was die definierenden Merkmale unsere Zeit sein könnten, etwa die chemische Zusammensetzung der Atmosphäre, Kunststoffe, Beton und die Massenvernichtung von Wildtieren.

Welche Konsequenzen hätte die Definition? Einige schlagen vor, dass sie Fortschritte bei der Senkung der Kohlenstoffemissionen und der Bekämpfung des Verlusts der biologischen Vielfalt fördern könnte, unter anderem durch rechtliche Auflagen. Für andere würde sie unsere Beziehung zur Natur neu definieren: Biome könnten zu **ANTHROMEN** erklärt und so verwaltet werden, dass es dem tiefgreifenden menschlichen Einfluss auf die globalen Ökosysteme entspricht. Zumindest würde eine solche Erklärung unseren kurzlebigen, aber transformativen Einfluss auf den Planeten anerkennen.

ÜBERSICHT ANTHROPOZÄN

WANDEL

BEWEGUNGSSPERREN
Menschliche Infrastruktur, Grenze oder Barriere (z. B. eine Mauer oder ein Zaun), die freie Bewegung von Tieren wie Vögeln, Fledermäusen und Schmetterlingen unterbindet.

ANTHROM
Abkürzung für anthropogenes Biom. Ein Ergebnis anhaltender Wechselwirkungen zwischen Menschen und ihrer Umwelt.

ANTHROPOZÄN

Inoffizielle geologische Epoche, in der Menschen begannen, wesentlich die Erdoberfläche, Atmosphäre und die Ozeane zu verändern. Einige Forschende vermuten, dass es um 1950 begann.

MEERESWIRBEL
Zirkulierende Strömungen, die durch Windmuster entstehen. Es gibt sechs große Wirbel in den Weltmeeren, die nun Plastikmüll wie Mikroplastik und Flaschen ansammeln.

GSSP (GRENZSTRATOTYPUSPUNKT)
Markierungspunkt im Gestein, der Veränderungen an Fossilien oder Mineralien als Folge eines globalen Ereignisses weltweit erkennbar ist.

MÜLLDEPONIE
Designierter Ort zur Entsorgung großer Abfallmengen in tiefen Gruben.

HOLOZÄN
Geologische Epoche, die nach der letzten Eiszeit vor etwa 12.000 Jahren begann und noch anhält.

EPOCHEN

MENSCHEN

MILANKOVIĆ-ZYKLEN
Zyklen langfristiger Klimamuster auf unserem Planeten, beeinflußt durch die Neigung der Erde und ihre Umlaufbahn um die Sonne.

HINTERGRUND-AUSSTERBERATE
Die Rate, mit der Arten durch natürliche Evolution aussterben, wird auf jährlich eine aus einer Million Arten geschätzt.

HYBRIDISIERUNG
Entstehung von Hybriden durch Kreuzung verschiedener Arten.

GEOLOGISCHE ZEITSKALA

„Kalender", der geologischen Erdgeschichte, der in kürzer werdende Perioden unterteilt ist, darunter das Äon (eine Milliarde Jahre) und die Epoche (mehrere Millionen Jahre).

BIOTISCHE HOMOGENISIERUNG
Prozess nach dem sich enorm vielfältige Pflanzen- und Tiergemeinschaften immer ähnlicher werden.

DOMESTIZIERUNG
Allmählicher Prozess, bei dem Wildpflanzen und -tiere von Menschen gezähmt werden, etwa zur sicheren Versorgung mit Getreide und Fleisch oder als Arbeitstiere.

VERWILDERUNG
Umkehrprozess der Domestizierung, bei dem Haustiere versehentlich oder absichtlich aus menschlicher Obhut entlassen werden.

Wo gibt es noch Wildnis?

→ Leider ist nicht mehr viel davon übrig. Zu tief greift der Mensch seit Jahrtausenden in den Planeten ein, insbesondere während der letzten hundert Jahre. Unsere Art hat der natürlichen Umwelt fast überall ihren Stempel aufgedrückt.

Es gibt keinen klaren Konsens darüber was Wildnis ist. Allgemein gelten Gebiete als wild, die weitgehend unberührt von menschlichen Einflüssen sind, wenn auch nicht unbedingt frei von Menschen sind. In diesen relativ unberührten Regionen laufen ökologische, evolutionäre und Umweltprozesse ungestört vom Menschen ab.
Etwa 30 Millionen Quadratkilometer unserer Landoberfläche, knapp ein Viertel, sind noch Wildnis. Seit Anfang der 1990er Jahre sind etwa 3,3 Millionen Quadratkilometer verloren gegangen, eine Fläche größer als Indien. Die Wildnis der Ozeane ist auf 13 Prozent geschrumpft. Der größte Teil der wilden Meeresgebiete ist auf die Polarregionen beschränkt, und an den Küsten ist nur noch sehr wenig übrig. Selbst in entlegenen Amazonasgebieten haben Urvölker die Pflanzenzusammensetzung des Waldes durch frühe Formen der Landwirtschaft und Domestizierung verändert, wenn auch auf nachhaltige Weise.
Die Ausbreitung des Menschen drängt die Wildnis zurück. Wir haben Sedimente aus Wasserstraßen gebaggert und Dämme gebaut. Die Industrialisierung, die mechanisierte Landwirtschaft, veränderte Land- und Meeresnutzung, die Zerstörung von Lebensräumen, Übernutzung von Ressourcen, Verbrennung fossiler Brennstoffe und der daraus resultierende Klimawandel verändern Naturräume grundlegend. Unsere wachsende Bevölkerung braucht noch mehr Ressourcen, was zu weiterem Wildnisverlust führen könnte.
Diese Prozesse nahmen nach dem Zweiten Weltkrieg stark zu. Die Zeit ab den 1950er-Jahren ist als „die große Beschleunigung" bekannt, ein Entwicklungssprung der weltweiten Industrialisierung, des technischem Fortschritts und der Umweltveränderungen. Diese Explosion der Bevölkerung, des Energieverbrauchs und der Treibhausgasemissionen könnte Zyklen destabilisiert haben, die sich seit Urzeiten auf der Erde herausgebildet haben. Einige sehen hier den Beginn des Anthropozäns.
Wildnisgebiete sind lebenswichtige Refugien für die biologische Vielfalt: Es gibt Hinweise darauf, dass Arten dort nur halb so wahrscheinlich aussterben. Sie tragen dazu bei, Erdsysteme zu erhalten und zu stabilisieren, die lokal und global das Leben unterstützen. Dementsprechend sollten wir uns bemühen, sie zu erhalten und zu schützen soweit das nur möglich ist.

DER SOGENANNTE „GRENZSTRATOTYPUSPUNKT"

Unser Einfluss auf die Welt und ihre Wildnis ist offensichtlich. Doch die Debatte, ob wir uns offiziell im Anthropozän befinden oder nicht hält an. Geologische Zeitalter werden durch sogenannte Grenzstratotyuspunkte abgegrenzt. Diese globalen Marker im Fossilbericht zeigen etwa Veränderungen bei Fossilien oder Mineralien an, und sie müssen langfristig Gültigkeit haben. Ein gutes Beispiel für unseren Einfluss ist der erste Atomtest im Jahr 1945. Die Erprobung von Atomwaffen hat der Planet mit radioaktiven Isotopen übersät, die noch in Millionen von Jahren nachweisbar sein werden.

Sind Städte gut oder schlecht für die Biodiversität?

→ Sowohl als auch. Fraglos wurden bei der Stadtententwicklung Lebensräume zerstört. Doch urbane Gebiete können auch Biodiversität erhalten, und sie können sogar Teil der Lösung sein.

Eine der tiefgreifendsten und offensichtlichsten Veränderungen von natürlicher Landschaft sind Städte. Bevölkerungswachstum und technische Errungenschaften wie Beton und Stahl haben riesige Stadtlebensräume geschaffen, die im krassen Kontrast zur natürlichen Welt stehen. Böden sind jetzt mit Beton versiegelt und gigantische Strukturen aus Glas und Metall ragen in den Himmel. Lebensräume wurden zerstört, entfernt oder überbaut und die Ressourcen umliegender Gebiete verbraucht. Wir sind ökologische Ingenieure, allerdings hauptsächlich zugunsten unserer eigenen Art. Städte sind völlig neue Ökosysteme, die die natürliche und die vom Menschen geschaffene Welt verbinden.

Lange Zeit betrachtete man Städte als biologische Wüsten, was sich als falsch herausgestellt hat. Allerdings haben sie das Leben verändert. In städtischen Gebieten leben in der Regel Generalisten wie Füchse, Eichhörnchen und Tauben, die sich an verschiedene Lebensräume anpassen können. Einige Arten meiden Städte gänzlich, während andere bevorzugt in ihnen leben. Städte können sogar die Evolution beeinflussen: Eine Weißklee-Analyse in 160 Städten weltweit ergab, dass die Pflanzen weniger chemische Abwehrstoffe gegen Pflanzenfresser produzieren, je näher sie an Stadtzentren liegen. Wollen wir es als urbanen Chic bezeichnen.

Städte sind lebensfeindliche Umgebungen und sie bedrohen die biologische Vielfalt. Dennoch sind sie auch die Heimat vieler stark gefährdeter Arten. Einige davon, wie die gelbblühende *Lessingia Germanorum*, könnten heute nur noch in Städten zu finden sein. Einige Arten sind in Städten produktiver, schnellwüchsiger und in größeren Populationen vorhanden als auf dem Land, Stadtvögel können größere Gehirne haben, Säugetiere größere Würfe.

Die Urbanisierung wird nicht verschwinden. Städte müssen daher Teil der Lösung werden, und viele beziehen jetzt naturnahe Lösungen in Planungprozesse ein, um künstliche Ökosysteme in Einklang zu bringen und Biodiversität zu fördern.

Ob Städte Teil der Erdgeschichte werden, steht zur Debatte. Die Spuren unserer Straßen, Büros, Aquädukte und anderer Infrastrukturen werden wahrscheinlich noch einige Zeit erhalten bleiben. Der Städtebau hat die Erosions- und Sedimentationsraten weltweit verändert. Aber selbst Städte, die vor kurzem von Menschen verlassen, vergessen und wiederentdeckt wurden, werden wieder zum Boden, aus dem sie einst wuchsen.

URBANE DIÄT

Wildtiere in der Stadt finden eine reiche Auswahl an neuen Futterquellen vor, von Hamburgern über Nasi Goreng bis hin zu Hausmüll, einschließlich Fäkalien. Menschliche Darmmikrobiome in der Stadt unterscheiden sich von denen außerhalb der Städte, und das Nahrungsangebot könnte ein Grund dafür sein. Die Darmmikrobiota einiger Stadttiere wie Kojoten, Spatzen und Eidechsen ähnelt sich über weit entfernte Städte hinweg. Und sie sind jenem urbaner Menschen ähnlicher als denen ihrer ländlichen Verwandten. Die Urbanisierung scheint der Grund dafür zu sein.

Wie konnte das Huhn die Welt erobern?

→ An der Seite des Menschen. Wir haben die Biodiversität der Welt auf unsere Bedürfnisse zurechtgeschneidert. Einige Arten haben davon profitiert, andere wurden vernichtet.

Vor fast 13.000 Jahren lebte das Bankivahuhn wild auf den Bäumen des tropischen Südostasiens. Irgendwann, vielleicht um 1.500 v. u.Z., wurde es als Hausvogel in die menschliche Gesellschaft eingeführt. Heute allgemein als Huhn bekannt, gibt es über 33 Milliarden von ihnen, die so ziemlich überall auf der Welt leben. Künftige Geologen, die Fossilien von heute analysieren, würden eine extreme geografische Durchmischung von Arten innerhalb unserer kurzen Zeit auf dem Planeten feststellen.
Die genauen Prozesse und Zeitpunkte von Domestizierungen werden noch diskutiert, ebenso ihre Definition. Die Grundidee besteht jedoch darin, dass eine Art die Fortpflanzung einer anderen steuert und für sie sorgt, um einen Nutzen daraus zu ziehen. Außerdem profitieren beide Arten von der Beziehung. Übrigens gilt dies nicht nur für Menschen: Ameisen mit landwirtschaftlichen Ambitionen begannen vor Jahrmillionen mit der Kultivierung eines nützlichen Pilzes, und Fische in Belize haben Garnelen domestiziert, um ihre Algenbestände zu düngen.
Klar ist, dass wir Menschen im großem Stil Biodiversität gefiltert haben, um unsere Nische zu bedienen. Auf der ganzen Welt haben wir die Arten und Merkmale verbreitet, die uns nützen, und jene beseitigt, die wir für unnötig oder schädlich halten. Dabei haben wir uns mächtig ins Zeug gelegt: Menschen und ihr Vieh machen heute 96 Prozent aller Säugetiere aus.
Die Domestizierung hat es unserer Spezies und unserer Zivilisation erlaubt, sich weiterzuentwickeln. Die frühe Landwirtschaft und die Tierhaltung haben wahrscheinlich einen sesshaften Lebensstil gefördert und damit unser Bevölkerungswachstum. Die Domestizierung von Pflanzen und Tieren könnte zusammenhängen: Es gibt Hinweise darauf, dass der Reisanbau das Bankivahuhn von den Bäumen in unsere Häuser lockte. Bestimmte Nutzpflanzen wie Reis, Weizen und Hirse haben weltweit unsere Ausbreitung und die des Huhns vorangetrieben. Gezähmte Pferde halfen uns, weiter und schneller zu reisen und zahme Hunde begleiteten und beschützten uns auf dem Weg.
Domestizierung verändert die Genetik von Tieren grundlegend. Die meisten domestizierten Tiere haben kleinere Gehirne als ihre wilden Artgenossen, eine Entwicklung, die mit einer engeren Beziehung zum Menschen einhergeht. Die Förderung einiger weniger Pflanzen und Tiere hat zum Aussterben vieler wilder Arten geführt, darunter Bestäuber und Nutzpflanzen, die weltweit stark zurückgehen.

VERWILDERUNG

Verwilderung ist der weniger bekannte Zwilling der Domestizierung. Verwilderte Tiere sind Haustiere, die absichtlich oder durch Zufall in die freie Wildbahn zurückgelangen. Diese Wiedereingliederung und die daraus resultierende Hybridisierung kann Ökosysteme stören und ist meist schlecht für die Biodiversität. Verwilderte Tiere können Gene verbreiten, die weniger an die Wildnis angepasst sind, und sie können ihre wilden Vettern durch höhere Fortpflanzungsraten verdrängen. Verwilderung erhöht das Aussterberisiko wild lebender Arten. Und wie die Hausschweine, die durch Nordamerika streifen, können verwilderte Tiere große Schäden anrichten.

Was wäre, wenn Menschen nie das Segeln oder Fliegen erfunden hätten?

→ Das Leben würde sich genauso über den Planet ausbreiten, wie es das schon immer getan hat. Aber unsere technisch fortschrittlichen Methoden der Erkundung und des Reisens haben die Globalisierung der Biodiversität zweifellos beschleunigt.

Lebewesen sind schon immer in ferne Länder gereist. Wenn neue Inseln zur Meeresoberfläche durchbrechen, werden sie nach und nach von verschiedenen Lebewesen besiedelt.

Pflanzensamen verbreiten sich mit Meeresströmungen und Insekten lassen sich vom Wind durch die Atmosphäre treiben. Selbst größere Tiere wie Affen können auf natürlichen Flößen über die Ozeane gelangen. Doch keine frühere Wanderung von Organismen kann es mit der Verbreitung ortsfremder Arten durch den Menschen aufnehmen. Seit Jahrtausenden haben wir absichtlich fremde Arten für Nahrung, Handel oder zum Vergnügen mitgeführt, und viele haben sich unbeabsichtigt als blinde Passagiere ausgebreitet.

Boote bieten Oberflächen, an denen sich alle möglichen Lebensformen festhalten können, von Seepocken über Röhrenwürmer bis hin zu Bakterien, und der Luftverkehr verbreitet Organismen in unzugänglichere Landgebiete. Autos, Züge und ihre Infrastruktur sind Korridore, über die sich Organismen leicht ausbreiten können, ja selbst Unterwasserkabel stellen ein geeignetes festes Substrat dar.

Inwieweit die heutige Momentaufnahme der Biodiversität auf frühere menschliche Einflüsse zurückzuführen ist, ist schwer feststellbar. Die Wissenschaft hat Beweise für einen großen Zustrom von Pflanzenarten in das Vereinigte Königreich während der späten Bronzezeit gefunden. Jahrtausende alte Handelsnetze, die den Nahen Osten mit Afrika, Europa und Südasien verbanden, könnten Arten über weite Teile des Planeten verbreitet haben. Die vom Menschen verursachte Ausbreitung hat auch zu einem starken Anstieg invasiver Arten geführt. Diese ortsfremden Organismen gedeihen in einer neuen Umwelt, haben dort oft keine natürlichen Feinde, und können einheimische Arten dezimieren. Nicht alle vom Menschen eingeführten Arten sind jedoch schädlich, manche sind auch nutzbringend. Denken wir an die Kartoffel, die ursprünglich von den Inkas in den Anden angebaut wurde und heute für viele ein Grundnahrungsmittel darstellt.

Biologische Invasionen haben in den letzten zwei Jahrhunderten seit der industriellen Revolution mit der Massenmigration von Menschen und technischem Fortschritt dramatisch zugenommen. Während der letzten Jahrzehnte hat sich das Phänomen verstärkt. Durch anhaltenden technischen Fortschritt und die Erschließung neuer Land-, Wasser- und Luftwege werden Invasionen durch gebietsfremde Arten wahrscheinlich weiter zunehmen.

BEWEGUNGSSPERREN

Die Ausbreitung von Lebewesen ist ein Naturwunder. Dank wissenschaftlicher und technischer Fortschritte wissen wir heute, dass weit mehr Tierbewegungen stattfinden als bisher angenommen. Menschengemachte Infrastruktur, Grenzen und Barrieren behindern oder blockieren sie jedoch. Tiere werden entlang ihrer Wege durch künstliches Licht abgelenkt oder gar getötet. Schätzungen zufolge sterben allein in den USA jedes Jahr Hunderte Millionen Zugvögel bei Kollisionen mit Gebäuden. Dies kann sich auf Ökosysteme auswirken und sogar zum Aussterben von Arten führen. Die einen Organismen transportieren wir um die Welt, andere halten wir auf.

Esse ich gerade Plastik?

→ Gut möglich. Die Forschung besagt, dass alle möglichen Organismen Plastik essen oder absorbieren. Bei Menschen kann die Menge sogar einer Kreditkarte pro Woche entsprechen. Die Langzeitfolgen dieses neuen Materials sind noch unklar.

Kunststoffe wurde entwickelt, um die Zeit zu überdauern, und sie könnten damit den Beginn des Anthropozäns markieren. Diese robusten Materialien haben uns enorm geholfen. Als Verpackung halten sie Lebensmittel und andere Waren länger frisch. Sie sind steril und werden für medizinische Objekte wie Spritzen, OP-Handschuhe und Verbandsmaterial verwendet. Man findet sie in Autos, Zügen, Flugzeugen und Satelliten. Spielzeug aus Kunststoff amüsiert unsere Kinder, Kunststoffkondome halten sie uns vom Leib.

Dass wir es großzügig auf der ganzen Welt verteilt haben, geht mit unserer Sucht nach Plastik einher. Es ist nicht biologisch abbaubar und wird daher oft auf Mülldeponien verscharrt. Ein Großteil davon landet im Meer oder in anderen Gewässern. Beispielsweise für Gesichtspeelings wird Mikrolastik hergestellt. Größere Teile können dazu zerfallen und überall auf dem Land und im Meer breitet es sich nun aus. Mikroplastik wurde unweit des Mount Everest-Gipfels gefunden, in tiefen Meeresgräben und im arktischen Eis. In der Antarktis schneit es Plastik. Plastikstücke wurden aus menschlichen Lungen entnommen und in unseren Herzen gefunden. Wahrscheinlich wird sich eine Kunststoffschicht im Gestein ablagern, als farbenfroh-finstere Anzeichen dafür, dass wir in einem „Plastikzeitalter" leben.

Noch ist nicht genug Zeit vergangen, um mit Bestimmtheit zu sagen inwieweit Plastik die Biodiversität schädigt. Größere Teile würgen, fangen oder verstümmeln Tiere, was oft zu einem langsamen und qualvollen Tod führt. Mikroplastik, das sich in Fischen ansammelt, beeinträchtigt ihr Wachstum und verändert sogar ihr Verhalten. Die Forschung hat Plastik mit einem Anstieg Korallen tötender Krankheiten in Verbindung gebracht. Außerdem können die Korallen auch noch Schadstoffe aus dem Wasser absorbieren. Einsiedlerkrebse nutzen Plastik in ihren Behausungen und gehen massenhaft darin zugrunde.

Wenn Kunststoffe einmal ins Meeresleben eingedrungen sind, ist leicht nachvollziehbar, wie sie über die Nahrungskette zu uns gelangen. Kunststoffe befinden sich im Boden und gelangen in Pflanzenwurzeln. Eine aktuelle Studie besagt, dass wir bis zu 52.000 Plastikpartikel pro Jahr zu uns nehmen. Noch ist unklar, ob dieses Plastik ein Risiko für die Tiergesundheit darstellt, aber förderlich wird es kaum sein.

MÜLLSTRUDEL

Meeresströmungen die Wasser, Wärme und Nährstoffe zirkulieren, transportieren auch Plastikmüll. Mikroplastik hat sich zusammen mit größeren Teilen wie Flaschen und Fischereiausrüstung in sechs großen Meereswirbeln angesammelt. Der Nordpazifikwirbel oder Große Pazifikmüllteppich ist mit etwa 1,6 Millionen Quadratkilometern Fläche der größte davon, etwa dreimal so groß wie Frankreich. Obwohl dieses Ökosystem mit einer vielfältigen Tier- und Pflanzenwelt, von Meeresschnecken bis hin zur Portugiesischen Galeere, zu gedeihen scheint, stellen diese Müllteppiche eine enorme Gefahr für andere Meereslebewesen dar.

Gab es früher Löwen in Europa?

→ Allerdings, und dazu noch in Asien. Doch man hört sie nicht mehr brüllen, denn sie sind ausgestorben. Ihr Verbreitungsgebiet ist heute auf Afrika beschränkt, und es schrumpft. Wie so viele Arten sind auch sie mittlerweile vom Aussterben bedroht.

Die vielleicht auffälligste Spur unserer Zeit werden Fossilien sein, die den katastrophalen und rapiden Verlust der Artenvielfalt markieren. Alles deutet darauf hin, dass wir uns in der Anfangsphase des sechsten Massenaussterbens der Erdgeschichte befinden, diesmal nicht aufgrund natürlicher Ursachen, sondern menschlicher Aktivitäten.

Arten existieren immer nur eine gewisse Zeit, bevor sie aussterben und andere ihren Platz einnehmen. Dieser natürliche Evolutionsfluss wird als Hintergrundaussterberate bezeichnet, die jährlich etwa eine aus einer Million Arten betrifft. Ein Massenaussterben tritt ein, wenn die Auststerberate die Nachfolgerate stark übersteigt. Wissenschaftler schätzen die aktuelle Aussterberate auf das 100- bis 1.000-fache der Hintergrundrate, ein Rekord in der Menschheitsgeschichte. Eine genaue Schätzung wird dadurch erschwert, dass viele Arten noch nicht einmal entdeckt wurden.

Bestimmte Gruppen sind stärker vom Aussterben bedroht, darunter seltene und endemische Arten und Spitzenraubtiere. Amphibien scheinen heute am stärksten gefährdet zu sein. Selbst nicht vom Aussterben bedrohte Arten sind von einem breiten Zusammenbruch ihrer Populationen bedroht. Bewohnbare Lebensräume schrumpfen viel schneller als normal und das erstickt die Lebensformen bestimmter Weltgegenden. Seit 1970 sind die Wildtierpopulationen um durchschnittlich 69 Prozent gesunken.

Dieses Aussterben von Populationen ist normalerweise ein Vorläufer der Auslöschung auf Artebene. Wilde Löwen beispielsweise streiften einst durch Asien, Europa und den Nahen Osten. Heute leben sie nur noch in Afrika, wo ihr Verbreitungsgebiet stark schrumpft.

Weil die Ozeane mehr Kohlendioxid aufnehmen, könnten sie so stark versauern, dass Korallen keine Riffe mehr aufbauen können. Im Fossilbericht würde sich das als „Rifflücke" niederschlagen, so geschehen bei allen globalen Aussterbeereignissen der Vergangenheit.

Langfristig werden seltene Arten und an einzigartige Bedingungen anpgepaßte Arten durch solche ersetzt werden, die die von uns gestaltete Welt aushalten können. Die verblüffende Vielfalt der natürlichen Welt wird nach und nach durch ein kleineres Spektrum von Pflanzen- und Tierarten ersetzt.

Dieser Prozess der biotischen Homogenisierung wird wohl eine weiteres Kennzeichen des Anthropozäns sein.

MASSENAUSSTERBEN

Wenn etwa 75 Prozent des Lebens auf dem Planeten innerhalb von 2,8 Millionen Jahren verloren gehen, liegt ein Massenaussterben vor. Davon hat es bereits fünf gegeben. Geologische Perioden sind oft durch fossile Grenzen getrennt, ein Beweis für Übergangsereignisse in der Erdgeschichte. Das Massenaussterben am Übergang von der Kreidezeit zum Paläogen vor 66 Millionen Jahren löschte 78 Prozent der Arten aus. Die meisten Dinosaurier waren betroffen, mit Ausnahme derer, die sich zu Vögeln entwickelten. Ausgelöst wurde dies wahrscheinlich durch einen kolossalen Asteroideneinschlag im heutigen Mexiko. Starke vulkanische Aktivitäten im heutigen Indien verschlimmerte die Katastrophe.

ENTWALDUNG
KONSUM
ÜBERNUTZUNG
WILDEREI
SCHLEUSEREI
VERSCHMUT-
ZUNG
KLIMA-
WANDEL

KAPITEL 7

BEDROHTES LEBEN

LAND-
NUTZUNG

INVASIVE
ARTEN

EXTREM-
WETTER

PESTIZIDE

EINLEITUNG

Der Verlust einer Art ist an sich schon tragisch, doch weil Ökosysteme miteinander verbunden sind, kann das unvorhersehbare Konsequenzen haben. Systemischer Verlust stellt ein größeres Problem dar, für uns und die Natur.

Eine Million Pflanzen und Tiere sind vom **AUSSTERBEN** bedroht, viele davon in den nächsten Jahrzehnten. Diese Zahl könnte tatsächlich viel höher liegen, da wir noch nicht einmal wissen, wie viele Arten es überhaupt gibt, und weil sich Aussterberaten beschleunigen. Pflanzen haben die meisten früheren Massenaussterben überstanden, aber dieses Mal sind auch sie bedroht. Eine globale Studie aus dem Jahr 2019 ergab, dass 40 Prozent der Insektenarten in den nächsten Jahrzehnten aussterben könnten. Insekten bestäuben unsere Nutzpflanzen, bekämpfen Pflanzenschädlinge und helfen bei der Nährstoffrückgewinnung. Sollten sie vollständig verschwinden, wird unser Nahrungssystem zusammenbrechen, ebenso das der meisten Vögel und Amphibien.

Ein Aussterben kann global oder lokal sein. Die Hauptursachen sind der Verlust von Lebensraum und genetischer Vielfalt. Die derzeit dramatischen Raten des Verlustes an Biodiversität sind wahrscheinlich das Ergebnis problemverstärkender Einflüsse des Menschen auf die Natur. Die Hauptursachen sind dynamisch, und der lokale Kontext spielt eine wichtige Rolle. Inseln sind beispielsweise anfälliger für **INVASIVE ARTEN**. Eine Kombination dieser Faktoren kann einen **AUSSTERBESTRUDEL** auslösen. Dieses Modell geht davon aus, dass eine Kombination aus Umweltstress, schrumpfenden Populationen und geringerer genetischer Vielfalt Organismengemeinschaften schwächt. Katastrophale Ereignisse wie ein schwerer Sturm oder übermäßige menschliche Bejagung beschleunigen den Sog und machen Fortpflanzung und Überleben unmöglich.

Über 20 Prozent der Ökosysteme der Welt sind vom Kollaps oder von Zustandsveränderungen bedroht. Forschungen deuten darauf hin, dass dies früher als erwartet in diesem Jahrhundert geschehen könnte. Ökosysteme können durch zerstörerische Rückkopplungsschleifen lokaler Faktoren wie Artenrückgang in Kombination mit extremen Ereignissen wie Waldbränden und breiteren Mustern des Klimawandels beeinträchtigt werden. Der Zusammenbruch eines Ökosystems könnte dann einen Dominoeffekt auf andere haben, und eine furchterregende **ÖKOLOGISCHEN ABWÄRTSSPIRALE** kann relativ zeitnah und rasch zu globaler Destabilisierung führen.
Und was bedeutet all das für die Zukunft der Biodiversität? Ein wahrscheinliches Szenario ist, dass Lebensformen weniger einzigartig werden. Spezialisierte Organismen werden wohl durch kosmopolitische Arten und Generalisten ersetzt werden, die neben Menschen und in einer Vielzahl von Lebensräumen existieren können. Ökologische Gemeinschaften werden weniger bunt sein, ein Prozess, der als biotische Homogenisierung bekannt ist. Wissenschaftler haben auch schon einen Begriff für diese weitreichende Eintönigkeit der Natur geprägt: das **HOMOGENOZÄN**.
Während im globalen Maßstab die Biodiversität offenbar steil abfällt, deutet einiges darauf hin, dass dies auf lokaler Ebene anders ist. Forschungsergebnisse zeigen, dass an einigen Orten der Artenreichtum, also die Anzahl der Arten in einem Ökosystem, stabil ist und sogar zunimmt. Auf einigen Inseln gibt es viel mehr Arten als früher. Invasionen führen zu neuen Hybriden, die ohne menschliches Zutun womöglich nie existiert hätten. Die Natur wird überleben, aber wir können nicht davon ausgehen, dass die Evolution das Leben erhält, das für unsere Zivilisation relevant ist.

ÜBERSICHT BEDROHTES LEBEN

AUSWIRKUNGEN

ALGENBLÜTE
Schnelles Anwachsen der Population mikroskopisch kleiner Algen in einem Gewässer. Ein natürliches Ereignis, das dennoch Ökosystemen schaden kann.

POLYCHLORINIERTE BIPHENYLE (PCB)
Schädliche Chemikalien, die in Konsum- und Industriegütern wie Pestiziden verwendet wird. Obwohl verboten, werden PCBs immer noch produziert und sind in den Ozeanen zu finden.

AUSSTERBEN
Verlust einer Tier- oder Pflanzenart durch den Tod der letzten lebenden Individuen.

ÖKOLOGISCHE ABWÄRTSSPIRALE
Kettenreaktion kollabierender Ökosysteme, jeweils verursacht durch die Veränderung oder den Zusammenbruch benachbarter Ökosysteme.

QUARTÄRE AUSSTERBEWELLE
Massenaussterben überwiegend größerer Säuger wie dem Wollhaarmammut vor 50.000 bis 5.000 Jahren, hauptsächlich durch menschliche Jagd verursacht.

AUSSTERBESTRUDEL
Abwärtsspirale in einer kleinen Population aufgrund von Umweltbelastungen, schrumpfenden Populationen und einem Verlust an genetischer Variabilität. Oft durch katastrophale Ereignisse wie Stürme verschlimmert.

ALLMENDEPROBLEM
Teufelskreis nachdem natürlicher Egoismus Individuen dazu antreibt, ein Gemeingut immer stärker zu auszubeuten, zum Nachteil des Gemeinwohls.

RESOURCEN

TOTZONEN
Meeresgebiete, die hypoxisch sind, also nicht mehr genug Sauerstoff haben, um Meeresbewohner zu versorgen.

AUSROTTUNG

Lokales Aussterben einer Art, etwa eines Vogels,durch den Verlust eines Regenwaldes durch Abholzung

HOMOGENOZÄN
Theoretische zukünftige Ära, die durch die zunehmende weltweite Homogenisierung von Arten entstehen wird, indem invasive nicht-einheimische Arten einheimische Flora und Fauna ersetzen.

BEIFANG
Von der Fischereiindustrie gefangene Tiere, die die Fischer nicht wollen, nicht verkaufen können oder gesetzlich nicht behalten dürfen.

BEDROHUNGEN

MISCHKULTUR
Landwirtschaftliche Praxis, bei der zwei oder mehr Kulturen zusammen angebaut werden anstatt in einer Monokultur.

BIOSICHERHEIT

Verhinderung des Eindringens oder Austretens krank machender Agenzien an einem für Menschen, Tiere oder die Lebensmittelqualität gefährlichen Ort.

INVASIVE ARTEN
Lebewesen, die in Gebiete außerhalb ihres natürlichen Verbreitungsraums eindringen und diese besiedeln, zum Schaden anderer Lebewesen und der Umwelt.

BUSCHFLEISCH
Wildfleisch. Hauptproteinquelle in tropischen Wäldern Afrikas, Lateinamerikas und Asiens; eine wichtige Nahrungsquelle und Handelsware für arme Gemeinschaften.

Entfernen sich junge Florida-Pumas weit von ihren Eltern?

→ Manchmal Hunderte von Kilometern. Doch heute, nachdem ihr Lebensraum für die Landwirtschaft abgeholzt wurde, werden sie in eine kleine Ecke des „Sunshine State" gedrängt. Unsere Landnutzung beeinträchtigt die meisten Arten massiv.

Einst ging es dem Florida-Puma in US-Bundesstaaten von Arkansas bis South Carolina blendend. Da jedoch der Großteil seines Lebensraums verloren gegangen ist, leben die letzten etwa 200 Individuen auf einem Landstrich von weniger als 10.000 Quadratkilometern. Jungtiere verteilen sich über weite Strecken, um ihr eigenes Revier zu finden, aber jetzt ist die Auswahl mager. Auf mindestens drei Vierteln der eisfreien Landfläche haben wir Ökosysteme umgebaut. Indem wir das Land auf unsere Bedürfnisse zuschneiden, zerstören und verschlechtern wir die Lebensräume für andere Lebewesen. Wir betreiben Holzeinschlag, Berg- und Städtebau und wir verschmutzen Gewässer und Böden. Die Landnutzung, insbesondere für unser globales Ernährungssystem ist die Hauptursache für den Rückgang der biologischen Vielfalt. Rund 80 Prozent der bedrohten Vögel und Säugetiere befinden sich dank der Landwirtschaft in ihrer misslichen Lage. Unser Bedarf an Fleisch, insbesondere vom Rind und Lamm, erfordert viel Land, entweder zur Beweidung oder für den Anbau von Futterpflanzen. Neue Agrarlandschaften fressen sich in natürliche Lebensräume, und die meisten Arten können dort nicht länger überleben. Zwischen 1980 und 2000 gingen 100 Millionen Hektar Wald verloren, hauptsächlich für die Viehzucht in Lateinamerika und expandierende Palmölplantagen in Südostasien. Einer Studie zufolge werden jedes Jahr 15 Milliarden Bäume gefällt. Seit der letzten Eiszeit haben wir 46 Prozent unserer Wälder verloren.
Die künftige Bevölkerungszunahme ist eine existenzielle Bedrohung für viele Arten, vor allem in den Tropen, wo sich die Landnutzung wahrscheinlich beschleunigen wird. Mit steigenden Einkommen ändern sich unsere Bedürfnisse, was die biologische Vielfalt weiter unter Druck setzt. Der Konsum von Lebensmitteln, Energie, Mode und Technologie steigt parallel zum Einkommen. Die weltweite Kalorienaufnahme ist zwischen 1961 und 2013 um 31 Prozent gestiegen. Wohlhabendere Menschen verbrauchen mehr Fleisch und damit mehr Land. Die Änderung unseres Konsumverhaltens kann einen echten Unterschied machen, und mit verbesserten Bewirtschaftungsformen oder Mischkulturen lassen sich Erträge steigern. Wo Land gerodet wird, kann die Erhaltung von Korridoren zwischen isolierten Lebensräumen die Aussterberate verlangsamen und die Produktivität von Ökosystemen steigern.

FRAGMENTIERTE WÄLDER

Fragmentierte, voneinander abgetrennte Waldgebiete leiden unter Problemen, die sich gegenseitig verstärken. In Grenzgebieten treten „Randeffekte" auf. Dazu gehören verminderte Widerstandskraft gegen Extremwetter, mehr Krankheiten und invasive Arten, ärmere Böden und ein erhöhtes Risiko der Wilderei. Diese schädlichen Auswirkungen verschlimmern sich mit der Zeit und können sich über Hunderte von Kilometern erstrecken. Die Waldfragmentierung mit all ihren Folgen ruiniert die Lebensgrundlagen lokaler Populationen, trägt zum allgemeinen Aussterben bei und beeinträchtigt die Funktionsweise von Ökosystemen stark. Deshalb ist es unabdingbar, dass sie miteinander verbunden sind.

Warum handeln Menschen illegal mit Schuppentieren?

→ Um ihre Körper in der traditionellen Medizin zu verwenden. Die Nachfrage nach Wildtieren und ihren Körperteilen treibt einen globalen illegalen Handel im Wert von Milliarden Dollar an. Und das ist nur ein Aspekt des menschlichen Raubbaus an der Vielfalt des Lebens.

Nach der Umnutzung von Land ist unsere Ausbeutung wild lebender Wesen der zweitgrößte Faktor für den Rückgang der Biodiversität. Seit Jahrtausenden jagen, sammeln und fischen die Menschen. Wir haben Bäume gefällt, Binnengewässer trockengelegt und Land abgebaut, häufig in einem Ausmaß das nicht nachhaltig ist. 72 Prozent der als bedroht oder potenziell gefährdet eingestuften Arten werden übermäßig zu unserem Vorteil ausgebeutet.

Die Menschheit hat eine lange Geschichte der Übernutzung anderer Arten. Wir sind zumindest teilweise für die quartäre Aussterbewelle verantwortlich, ein Massensterben von vor 50.000 bis 5.000 Jahren, das vor allem größere Tiere auslöschte, darunter das Wollhaarmammut, den Säbelzahntiger und das sogenannte Sibirische Einhorn. Die Jagd auf Körperteile und Buschfleisch bedroht auch heute noch viele Arten, insbesondere die großen Pflanzenfresser. Die Fischerei hat den größten Einfluss auf die biologische Vielfalt der Meere. Industrielle Flotten können ferner und tiefer fischen denn je. Über ein Drittel aller Bestände sind überfischt und kommerzielle Schiffe bejagen oft Spitzenräuber wie den Thunfisch, was trophische Kaskaden auslösen kann. 40 Prozent des weltweiten Fangs ist Beifang, unbeabsichtigt gefangene Meerestiere die dabei oft getötet werden. Darunter sind auch bedrohte Arten wie Haie und Meeresschildkröten.

Die illegale, nicht gemeldete und unregulierte (englisch IUU) Fischerei verschärft diese Entwicklungen. Ein Fünftel aller Fische fällt ihr zum Opfer, und sie ist ein großes globales Problem, das Schutzmaßnahmen behindert. Grundsätzlich wird der illegale Handel mit Wildtieren auf bis zu 10 Milliarden US-Dollar pro Jahr geschätzt. Er stellt eine ernsthafte Bedrohung für die biologische Vielfalt dar, die durch die Ausweitung des Internets und der sozialen Medien noch verstärkt wird.

Schuppentiere werden wegen ihres Fleisches und ihrer Schuppen gejagt, die in einer Brühe verwendet werden, der medizinische Eigenschaften zugeschrieben werden. Eine Million Schuppentiere wurde in den letzten zehn Jahren illegal gewildert und gehandelt, was wild lebende Populationen an den Rand des Aussterbens bringt.

Es gibt Mittel gegen die Ausplünderung, darunter die bessere Durchsetzung der Jagdvorschriften, Bemühungen zur Eindämmung der IUU-Fischerei über nationale Grenzen hinweg und auf hoher See, internationale Abkommen gegen den Tierhandel und eine bessere Aufklärung zur Herkunft der legalen und illegalen Produkte, die wir konsumieren.

DIE VERWALTUNG DES GEMEINGUTS

1968 vertrat der Ökologe Garrett Hardin (1915–2003) die Ansicht, dass Menschen von Natur aus egoistisch sind und deshalb Gemeingüter übermässig ausbeuten, sich selbst zum Vorteil und dem Gemeinwohl zum Schaden. Dieser Teufelskreis wurde als die „Tragik der Allmende" bekannt. Die mit dem Nobelpreis ausgezeichnete Politikwissenschaftlerin Elinor Ostrom (1933–2012) entwickelte eine optimistischere Sicht der Dinge. In ihrem Buch „Die Verfassung der Allmende: Jenseits von Markt und Staat" demonstrierte sie, wie zahlreiche lokal organisierte Gemeinschaften ganz ohne öffentliche oder private Eingriffe erfolgreich gemeinsame Ressourcenstrategien umsetzen konnten.

Können Korallen den Klimawandel verkraften?

→ Es ist möglich, dass einige Tiefseekorallen überleben können, doch die meisten werden wahrscheinlich im Laufe des kommenden Jahrhunderts absterben. Bereits jetzt verändert der Klimawandel viele Lebensräume bis an die Grenzen der Belastbarkeit ihrer Bewohner.

Korallen werden oft als die Regenwälder des Meeres bezeichnet. Diese komplexen Tierkolonien aus vielen riffbildenden Wirbellosen, den Polypen, beherbergen lebendige Meeresgemeinschaften und sie bieten seit Jahrtausenden eine stabile Nahrungs- und Umweltgrundlage für menschliche Kulturen. Nun sind sie weltweit vom Aussterben bedroht.

Schuld daran ist primär der Klimawandel. Saure Ozeane beeinträchtigen das Korallenwachstum, schmelzende Eiskappen führen zum Anstieg des Meeresspiegels und zu verstärkter schädlicher Sedimentation. Korallen sind äußerst empfindlich gegen Temperaturstress. Der Klimawandel verursacht häufigere und stärkere Hitzewellen im Meer, und Korallen stoßen dann ihre symbiotischen Algen ab. Dies hat mehrfach zu Massenbleichen mit ausgedehnten Korallensterben geführt. Wenn die globalen Temperaturen auf 1,5 °C oberhalb des vorindustriellen Niveaus ansteigen, werden 70–90 Prozent der Korallen bis 2050 sterben, bei 2 °C werden es 99 Prozent sein.

Der Klimawandel beeinflußt heute schon die Physiologie, Genetik und das Verhalten vieler Pflanzen und Tiere. Um zu überleben, werden sie sich an Klimaveränderungen anpassen oder in neue Gebiete ausweichen müssen. Viele Tiere ziehen in kühlere Gefilde wie Polargebiete oder auf höhere Berge. Endemische Arten der Tropen mit weniger Ausweichmöglichkeiten sind am stärksten gefährdet. Einige Arten werden wohl auch von ihrer neuen Umwelt profitieren. Extremwetter mit Überschwemmungen, Waldbränden und Stürmen werden wahrscheinlich intensiver und häufiger auftreten. Die australische Buschfeuersaison von 2019 tötete oder vertrieb etwa drei Milliarden Tiere. Überlebende mußten zusehen, wie ihre Lebensräume verbrannten.

Voraussichtlich wird der Klimawandel die Funktionen von Land- und Meeresökosystemen umkrempeln, einschließlich Fortpflanzung, Winterschlaf und Migrationsphasen.

Er ist seit langem der drittgrößte Faktor für den Rückgang der Biodiversität, und in diesem Jahrhundert wird er wahrscheinlich zur Hauptursache werden.

Wahrscheinlich werden neuartige Ökosysteme und Artkombinationen entstehen, die Folgen für Ökologie und Umwelt sind unbekannt. Viele Pflanzen werden auch profitieren: Sie lieben atmosphärischen Kohlenstoff, allerdings werden sie zum Wachsen auch mehr Wasser aus dem Boden brauchen.

ROLLTREPPE INS AUSSTERBEN

Organismen können Berge besteigen, doch irgendwann geht dort oben der Platz aus. Je mehr Arten in alpine Lebensräume vordringen, desto mehr dürfte die Konkurrenz zunehmen, bei knapper werdenden Ressourcen. Kurzfristig wird die Artendichte zunehmen, doch im Laufe der Zeit werden viele davon aussterben. Einigen ist es bereits so ergangen. Von alpinen Arten sagt man sie stünden auf einer „Rolltreppe ins Aussterben". In den tropischen Gebirge scheint sich diese am schnellsten zu drehen.

Warum macht man in Mexiko Ziegel aus Algen?

→ Wenn einem das Leben Algen zuspült, dann verbaut man sie eben. Das ist ein möglicher konstruktiver Umgang mit den zerstörerischen Folgen einer Umweltverschmutzung, die natürliche Phänomene wie Seetangexplosionen oder Algenblüten verstärkt.

Seit 2011 sind die kristallklaren Gewässer und makellosen Strände Mexikos jedes Jahr mit übelriechendem, braunem Golftang bedeckt. Diese Braunalgen sind Teil des Großen Atlantischen Sargassumgürtels, einer jährlichen Blüte, die sich von Nordamerika bis nach Westafrika erstreckt. Sie ist vom Weltraum und natürlich auch von der Küste aus sichtbar.
Algenblüten sind natürlich und können unverzichtbaren Lebensraum für viele Meeresbewohner bieten, von Aalen über Schildkröten bis hin zu Vögeln. Wenn jedoch ihr Wachstum zu riesigen Teppichen angetrieben wird, können sie tödlich werden. Viele Algen produzieren Giftstoffe, die das Wasser verseuchen.
Wie andere Algenblüten auf der ganzen Welt wird der Große Atlantische Sargassum-Gürtel vermutlich durch die Nährstoffe angefacht, die der Mensch dem Süßwasser und den Küstensystemen zuführt. Die Verschmutzung von Luft, Wasser und Boden insbesondere durch überschüssige Nährstoffe wie Stickstoff und Phosphor trägt wesentlich zum Rückgang der Artenvielfalt bei.
Düngemittelabfluss aus der Landwirtschaft ist ein Hauptverursacher. Schädliche Algenblüten sind auch in siedlungsnahen Buchten und an Küsten, wo Abwasser eingeleitet wird verbreitet. Mehr als 80 Prozent des weltweiten Abwassers gelangt unbehandelt in die Wassersysteme. Dazu kommen Millionen Tonnen teils schwermetallverseuchter Industrieabfälle, die die Funktionsweise von Ökosystemen stören können.
Auch Luftverschmutzung schadet dem organischen Leben. Schwefeldioxid- und Stickoxidemissionen verursachen sauren Regen. Bodennahes Ozon von Autos oder Chemiefabriken schädigt die Zellmembranen von Pflanzen. Pestizide sind giftig und schädigen auch Bestäuberinsekten wie Bienen sowie insektenfressende Vögel. Insekten- und Pflanzenpopulationen gehen aufgrund des Einsatzes nichtselektiver Insektizide zurück. Die sogenannten PCBs, eine Gruppe von Industriechemikalien, wurde in einigen Ländern vor fast 50 Jahren verboten. Dennoch werden sie noch immer produziert und gelangen in die Ozeane. Diese schädlichen Chemikalien reichern sich in Nahrungsketten an und bedrohen die weltweiten Schwertwal-Populationen die deshalb drastisch zurückgeht.
Das Beispiel der Ziegelherstellung zeigt, dass Menschen Negatives in Positives verwandeln können. Tatsächlich ist Seetang sehr gefragt, und Start-ups stellen Treibstoff und Lebensmittel aus dem Material her, das überall auf der Welt vorkommt. Wo es Umweltverschmutzung gibt, kann es auch Innovationen geben.

TOTZONEN

Totzonen sind sauerstoffarme Gebiete im Meer, die hauptsächlich durch übermäßige Stickstoffverschmutzung und schädliche Algenblüten entstehen. Wachsende Algen verbrauchen Sauerstoff und blockieren das Sonnenlicht für die Pflanzen darunter. Wenn sie sterben, sinken sie ab und werden von Bakterien zersetzt, was noch mehr Sauerstoff im Wasser verbraucht. Die Auswirkungen auf das Meeresleben können verheerend sein, beispielsweise für Fische, Krebse und insbesondere Bewohner des Meeresbodens wie Garnelen. Wissenschaftler haben weltweit über 400 Totzonen identifiziert.

Wohin schwimmt der Feuerfisch?

→ Überallhin wo er nur kann. Invasive Arten wie der Feuerfisch sind einer der Hauptgründe für den Rückgang der Biodiversität. Ohne natürliche Feinde dezimiert der unersättliche Feuerfisch weltweit andere Wildtierarten, und wir leisten Beihilfe.

Feuerfische sind schön – und tödlich. Sie stammen aus den warmen Gewässern des Indopazifiks und vermehren sich so stark, dass sie auch bald an einer Küste in Deiner Nähe auftauchen könnten. In den 1980er Jahren wurden sie erstmals vor der Küste Floridas gesichtet. Geschützt durch ihre giftigen Stacheln und ohne natürliche Feinde, haben sie sich entlang der Ostküste Amerikas bis nach Brasilien durch die heimischen Arten gefressen, und über den Suezkanal sind sie mittlerweile auch ins Mittelmeer vorgedrungen.
Einheimische Arten arbeiten sich auf natürliche Weise in ein Ökosystem vor. *Nichtheimische* Arten wurden vom Menschen eingeführt, richten aber nicht zwingend nennenswerten Schaden an. *Invasive* Arten hingegen besiedeln Gebiete außerhalb ihres angestammten Verbreitungsgebiets und schaden der Umwelt oder anderen Lebewesen. Sie sind normalerweise Generalisten, die sich in verschiedenen Umwelt- und ökologischen Szenarien wohlfühlen. Wenn sie in ihrer neuen Heimat gedeihen, können sie sich stärker als einheimische Tiere vermehren und diese verdrängen. Darüber hinaus können sie auch neue Parasiten und Krankheiten einschleppen.
Auf Inseln wirken invasive Arten besonders zerstörerisch auf einheimische Pflanzen und Tiere. Eine Studie brachte biologische Invasionen mit etwa der Hälfte aller bekannten Aussterbefälle auf Inseln in Verbindung und benannte sie als deren Hauptursache an Orten wie Polynesien, Mikronesien, Neuseeland und den Westindischen Inseln.
Eine richtungsweisende Untersuchung aus dem Jahr 2023 deutet darauf hin, dass Risiken durch invasive Arten unterschätzt wurden. Sie spielen eine Schlüsselrolle bei 60 Prozent aller Aussterbefälle, und die Kosten für die Schadensbegrenzung belaufen sich auf über 423 Milliarden US-Dollar pro Jahr. Und biologische Invasionen nehmen zu.
Unsere Reisegewohnheiten tragen zur Verbreitung ortsfremder Organismen bei, bisher mit über 37.000 Arten. Indirekt erweitert der vom Menschen verursachte Klimawandel auch die Lebensräume für invasive Arten. Invasive Insekten können durch Waldbrände, für die zunehmend der Mensch verantwortlich ist, weite Strecken zurücklegen. Weil sich das Klima und die Systeme der Welt weiter verändern, werden sich wahrscheinlich neue Korridore auftun.
Gut an den Feuerfischen ist, dass sie ein nahrhaftes Lebensmittel sind und sie schmecken hervorragend vom Grill. Außer sie zu verspeisen, können wir invasiven Arten auch mit verbesserter Biosicherheit und Importkontrollen Einhalt gebieten.

INVASIVE ALLIIERTE

Eine der berüchtigtsten invasiven Arten ist die Aga-Kröte. Der Hüpfer wurde 1935 nach Australien gebracht, um Schädlinge in Zuckerrohrplantagen zu bekämpfen. Dabei half sie herzlich wenig, wurde aber stattdessen selbst zum Schädling. Warane fressen die giftigen Kröten und verenden daran. Damit fällt ein Konkurrent der verwilderten Hauskatzen aus, die ihrerseits eine weit verbreitete invasive Art in Australien sind. Die resultierende Zunahme der Katzenpopulationen führt zu einer invasiven trophischen Kaskade, die zum „invasionsbedingten Einbruch" heimischer Arten führen könnte.

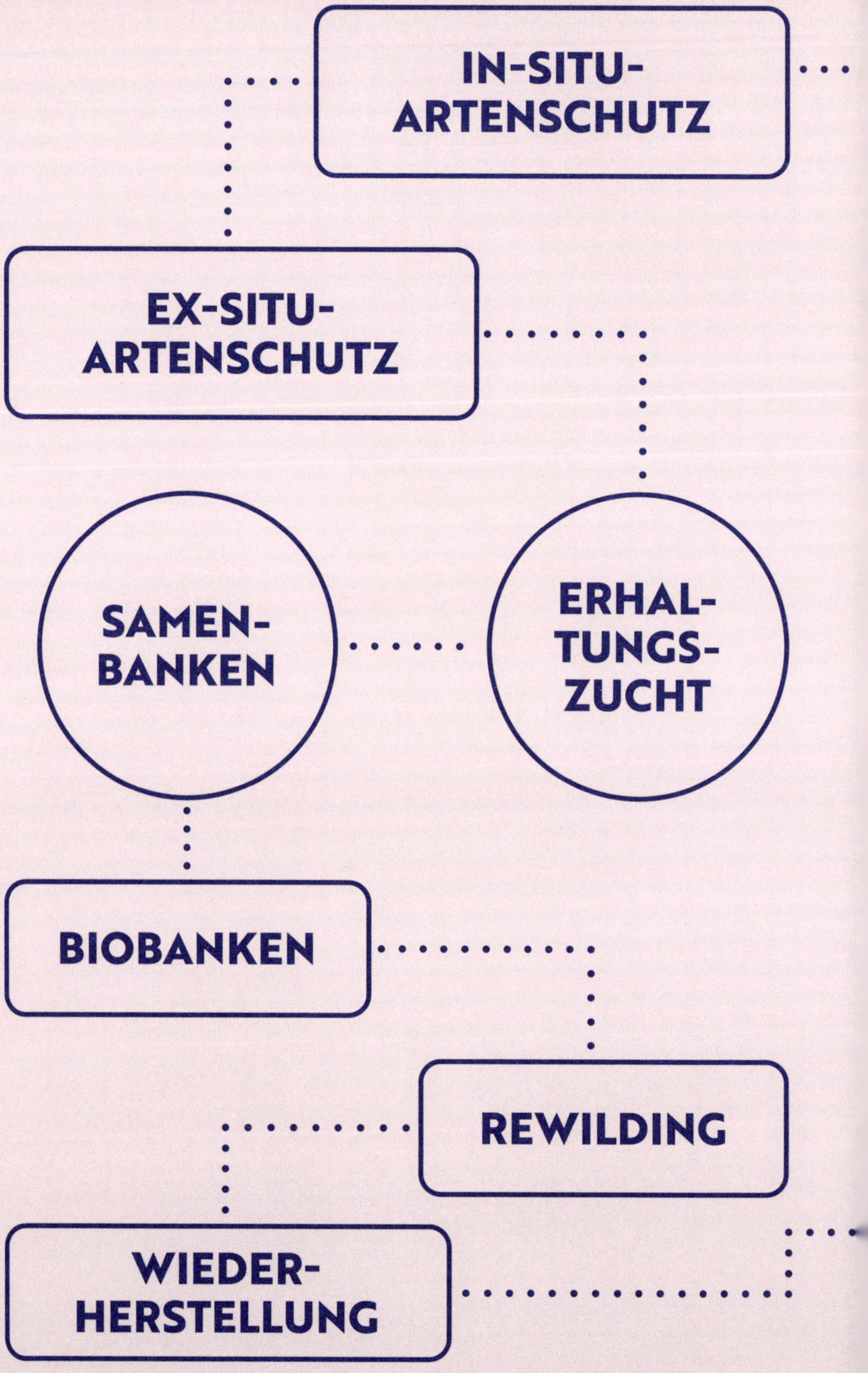
IN-SITU-ARTENSCHUTZ
EX-SITU-ARTENSCHUTZ
SAMEN-BANKEN
ERHAL-TUNGS-ZUCHT
BIOBANKEN
REWILDING
WIEDER-HERSTELLUNG

KAPITEL 8

NATURSCHUTZ

SYNTHETISCHE BIOLOGIE

INDIGENE VÖLKER

GENE DRIVES

EINLEITUNG

Die kulturellen Wurzeln der modernen Naturschutzbewegung reichen Jahrhunderte zurück. Frühere Philosophen, Geistliche, Naturhistoriker und Laien haben ihrem Staunen über die Natur schriftlich Ausdruck verliehen und dabei den Verlust vergangener Zustände beklagt.

Im Jahr 1569 wurde auf dem Schweizer Berg Kärpfstock ein Jagdverbot erlassen, was ihn zum vielleicht ersten Naturschutzgebiet machte, und im Jahr 1872 wurde Yellowstone zum ersten NATIONALPARK der Welt erklärt. Diese Idee wurde bald darauf in die ganze Welt exportiert, doch auch andere Gemeinschaften und Religionen hatten seit Jahrtausenden Landschaftsschutz betrieben.

Die Einrichtung von Reservaten in der westlichen Welt war zwar nicht unumstritten, trug aber im Laufe des 20. Jahrhunderts zur Entwicklung einer globalen Naturschutzbewegung bei. 1948 wurde die Weltnaturschutzunion (IUCN) gegründet, ein globales Naturschutznetzwerk von Regierungs- und zivilgesellschaftlichen Organisationen. Andere nationale und internationale Organisationen folgten.

Im September 1978 erklärte der amerikanische Biologe Michael Soulé (1936–2020), dass vom raschen Verschwinden von Pflanzen- und Tierarten eine ernsthafte Bedrohung für das menschliche Wohlergehen ausgehe. Er beschrieb eine „Krise der biologischen Vielfalt, die in der ersten Hälfte des einundzwanzigsten Jahrhunderts ihren Höhepunkt erreichen wird". Seine Appelle führten zur Entstehung der **NATURSCHUTZBIOLOGIE**, einem multidisziplinären Fachgebiet, das darauf abzielt, Biodiversität zu verstehen und zu erhalten. Theorien aus dieser Disziplin wurden angewendet zur Klassifizierung **STARK GEFÄHRDETER ARTEN**, bei der Gestaltung von **NATURRESERVATEN** und für

ERHALTUNGSZUCHTPROGRAMME. Man einigte sich auf internationale politische Rahmenbedingungen, um dem Rückgang der Biodiversität entgegenzuwirken, wie etwa die Biodiversitätskonvention von 1993 und die UN-Ziele für nachhaltige Entwicklung von 2015. Dennoch haben wir viele unserer selbstgesetzten Ziele bereits verfehlt, oder werden sie wohl verfehlen.
Wie sollten wir also unsere Länder und Ozeane bewirtschaften, um die Biodiversität und das Klima zu schützen und gleichzeitig eine wachsende Weltbevölkerung zu versorgen? Diese Fragen werden erörtert und diskutiert. Sollten wir versuchen, mit den Arten die wir schützen wollen zusammenzuleben oder sollten wir uns weitgehend zurückziehen, um die Natur der Selbstheilung zu überlassen und dabei nur minimal eingreifen? Sollten wir durch **GENTECHNIK** die Evolution beinflussen und wenn ja, wie weit? Sollten wir die Natur wieder einem früheren Zustand annähern, oder aber anerkennen, dass der Mensch fast jeden Quadratkilometer unseres Planeten grundlegend verändert hat, und dementsprechend neue Ökosysteme entwickeln?
Im Jahr 2016 legte Edward O. Wilson seine Ideen zur „Häfte der Erde" vor: Die Menschheit solle 50 Prozent des Planeten der Natur zur Selbstheilung überlassen und so die eigene Existenz und eine nachhaltige Zukunft sichern. Im Jahr 2023 wurde eine „Half-Earth"-Resolution in den US-Kongress eingebracht, die Wilsons Vision der Realität näher bringt. Naturschutzmaßnahmen haben eine Reihe von Arten vor dem Aussterben bewahrt. Die in den nächsten zehn Jahren erforderliche Reduzierung von Kohlenstoffemissionen ließe sich zu einem Drittel dadurch erreichen, dass wir Natur wiederherstellen und die Zwillingskrisen Klimawandel und Biodiversitätsverlust gemeinsam angehen.
Mit vereinten Kräften könnten wir den Planeten erneut so umgestalten, dass er allen Lebewesen ein Zuhause bietet.

ÜBERSICHT NATURSCHUTZ

HANDELN

NATIONALPARK
Großes Gebiet, das dem Naturschutz dient und für seine natürliche Schönheit geschätzt wird; verwaltet und geschützt von nationalen Regierungen.

NATURSCHUTZGEBIET
Ein Gebiet, das aufgrund seiner bedeutenden Flora, Fauna oder anderer natürlicher Merkmale geschützt ist und eine entscheidende Rolle bei der Erhaltung von Tierpopulationen und ihren Lebensräumen spielt.

UMSIEDLUNG
Verbringung eines Organismus an einen anderen Ort zu Zwecken des Artenschutzes.

NATURSCHUTZ-BIOLOGIE

Multidisziplinäres Fachgebiet, das darauf abzielt, biologische Vielfalt zu verstehen und zu schützen.

REWILDING
Umkehrung von Umweltschäden indem man Naturräumen Zeit zur Erholung gibt oder Arten der Megafauna wieder einführt.

STARK GEFÄHRDETE ARTEN
Arten, die in freier Wildbahn vom Aussterben bedroht sind, hauptsächlich aufgrund von Lebensraumverusten und verringerter genetischer Variation.

MEGAFAUNA

Große Landtiere wie Elefanten, Nashörner und große Rinder. Tiere wie Bisons werden oft in als Teil von Rewilding-Programmen eingesetzt.

WIEDERHERSTELLUNG
Umstrittene Langzeitstrategie, die ausgestorbene Arten wie das Wollhaarmammut zurückbringen will, um einen Umweltnutzen zu erzielen.

ERHALTUNG

ERHALTUNGSZUCHT-PROGRAMME
Zucht und Haltung stark gefährdeter Tiere in künstlich geschaffenen Lebensräumen mit einer Auswilderungspersektive.

INZUCHTDEPRESSION
Folge verringerter genetischer Vielfalt. Tritt etwa bei Programmen zur Erhaltungszucht auf und schwächt letztlich die Überlebens- und Fortpfanzungsfähigkeit einer Population.

BIOBANK

Sammlung von tierischen Geweben und molekularen Informationen, ein Beispiel hierfür ist das CryoArks-Projekt im Vereinigten Königreich.

SAMENBANK
Art von Genbank, in der Saatgut aufbewahrt wird, um genetische Vielfalt für die Zukunft zu bewahren.

SYNTHETISCHE BIOLOGIE

Multidisziplinäres Fachgebiet, das Ingenieurwissenschaft und rechnergestützte Verfahren zur Schaffung künstlicher biologischer Systeme nutzt.

WISSENSCHAFT

GENTECHIK

Veränderung der DNA eines Organismus zur gezielten Steuerung und Beeinflussung genetischer Merkmale.

GENE DRIVE
GGenetische Elemente, die Regeln normaler Vererbungsprozesse aushebeln und einen Genotyp durch eine Population zwingen.

GENOM
Vollständiger Satz von DNA-Anweisungen in einer Zelle. Das menschliche Genom enthält beispielsweise 23 Chromosomenpaare im Zellkern.

GENOTYPE
Genetisches Material, eines Organismus oder einer Gruppe von Organismen mit derselben genetischen Zusammensetzung.

Woher wissen wir, ob eine Art gerettet wurde?

→ Wenn der Bestand einer Art stabil ist oder wieder ansteigt, gilt sie als „gerettet". In diesem Fall sollte man hoffen, dass Bedrohungsfaktoren reduziert wurden und Schutzmaßnahmen erfolgreich waren. Doch das kann sich auch wieder ändern.

In den 1990er Jahren war die wild lebende Population der Przewalski-Gazelle, die einst in ganz Westchina verbreitet war, auf weniger als 300 Tiere geschrumpft. Naturschützer stuften sie als vom Aussterben bedroht ein und setzten Rettungsprogramme in Gang. Im Jahr 2022 dann, galoppierten wieder über 2.800 dieser wilden Antilopen am Qinghai-See entlang.

Seit 1993 konnten durch Schutzbemühungen 48 Vogel- und Säugetierarten vor dem Aussterben bewahrt werden. Ohne diese Anstrengungen wäre die Aussterberate viermal so hoch gewesen. Wanderfalke, Spixara, Goldenes Löwenäffchen oder Zwergwildschwein wären ohne Schutzmaßnahmen möglicherweise in die Fußstapfen des ausgelöschten Dodo getreten.

In-situ-Artenschutz zielt darauf ab, die biologische Vielfalt natürlicher Lebensräume zu erhalten, indem beispielsweise die genetische Vielfalt innerhalb von Populationen überwacht und aufrechterhalten wird. Die Ex-situ-Erhaltung schützt Ressourcen außerhalb des Lebensraums und umfasst rechtliche Schutzmaßnahmen, die Einlagerung von Saatgut oder Embryonen sowie Erhaltungszuchtprogramme, bei denen Tiere in künstlichen Lebensräumen untergebracht und möglicherweise wieder ausgewildert werden.

Die Erhaltungszucht hat Vor- und Nachteile. Sie schützt Tiere oder Pflanzen vor Bedrohungen und kann wildlebende Populationen aufstocken oder wiederherstellen. Doch das kostet: Im Durchschnitt über 200.000 US-Dollar pro Art und Jahr. Viele Tiere passen sich an die Gefangenschaft an, was ihre Entwicklung verändert und ihre Überlebensfähigkeit in freier Wildbahn einschränkt. Erhaltungszucht kann die genetische Vielfalt beeinträchtigen und zu einer Inzuchtdepression führen, was die Überlebens- und Fortpflanzungsfähigkeit einer Population schwächt. Zuchtstationen teilen häufig ihre Genressourcen, um dem vorzubeugen. Doch Auswilderungen sind meist erfolglos. Wissenschaftler beziehen nun Kenntnisse über die Makro- und Mikrowelt ein, etwa um zu erforschen, ob unterschiedliche Bedingungen der Gefangenschaft, so wie Ernährung oder Stress die Darm- und Hautmikrobiome so verändern, dass sie eine Ursache für diese Fehlschläge sein könnten. Der Naturschutz der Zukunft wird wahrscheinlich auch berücksichtigen, wie sich die Dynamik von Ökosystemen mit dem Klimawandel verändert.

Tiere, Pilze und Pflanzen werden gemäß ihres Aussterberisikos in Datenbanken wie der Roten Liste gefährdeter Arten der Weltnaturschutzunion eingestuft. Sie wurde 1964 erstellt, wird von Forschern auf der ganzen Welt aktualisiert und listet über 150.000 Arten auf. Wenn Bestandserholungen gemeldet werden, können Arten die Kategorie wechseln – weg von der unmittelbaren Bedrohung des Aussterbens.

GRÜNER STATUS

Die Weltnaturschutzunion hat kürzlich ein optimistisches Gegenstück zur Roten Liste erstellt, die mit „Grüner Status der Arten" betitelt wurde. Diese Liste betont die Erfolgsgeschichten im Artenschutz. Für eine vollständige Erholung müssen die Präsenz einer Art und ihre ökologische Funktion stimmen und im gesamten Verbreitungsgebiet darf keine ihrer Populationen vom Aussterben bedroht sein. Arten erhalten eine grüne Bewertung von bis zu 100 Prozent. Dass ist bewusst sowohl ehrgeizig als auch mehrdeutig gestaltet und trägt dazu bei, Bemühungen zu Bestanderholungen in allen biologischen Reichen zu standardisieren – bis heute und in Zukunft.

Kann uns eine Arche Noah für Samen retten?

→ Sie wird jedenfalls eine Menge Saatgut sichern. Samenbanken lagern genetische Ressourcen für den Fall, dass sie verloren gehen und ersetzt werden müssen. Aber Samen sind nur begrenzt haltbar und müssen neu ausgesät werden, um den Fortbestand zu sichern.

Die Pflanzenwelt der Erde liegt in einem enormen Speicher verwahrt, tief im Innern eines Berges auf dem verschneiten Spitzbergen-Archipel vor der Küste Norwegens. Der weltweite Saatguttresor von Spitzbergen ist auch bekannt als Arche Noah der Samen, eine von über 1.750 Samenbanken, die unser Pflanzenleben vor dem endgültigen Aussterben bewahren wollen. Spitzbergen dient als Reservespeicher für andere Einrichtungen. Duplikate von über 1,2 Millionen Saatgutproben werden an diesem abgelegenen Ort sicher aufbewahrt. Saatgutsammlungen haben dazu beigetragen, die Pflanzenwelt Australiens nach verheerenden Buschbränden wiederherzustellen und Bestände wieder aufzubauen, die während des syrischen Bürgerkriegs verloren gegangen waren.

Der weltweite Niedergang der Pflanzenvielfalt ist eine enorme Bedrohung für unsere zukünftige Nahrungsversorgung. Saatgutsammlungen sind ein wertvolles Instrument für die Erhaltung von Pflanzen und für Umsiedlungen von Organismen an andere Orte um sie zu erhalten. Wissenschaftler können mithilfe dieser Ressourcen das Pflanzenwachstum erforschen und neue Nutzpflanzensorten züchten, die besser gegen Krankheiten, Überschwemmungen und Dürren gewappnet sind, einen höheren Nährwert bieten oder sogar die menschliche Gesundheit verbessern. Die Samen werden getrocknet, eingefroren und in einen Zustand der Samenruhe gebracht, aus dem sie in der Zukunft wieder zum Keimen erweckt werden können. Allerdings produzieren nicht alle Pflanzen Samen, und andere Kryokonservierungstechniken werden eingesetzt, um Farne und Moose sowie Algen in Flechten zu konservieren. Wissenschaftler befürchten auch, dass eine zu lange Lagerung die Keimfähigkeit der Samen beenden könnte.

Saatgutbanken bieten keine völlige Zukunftssicherheit. Mit den Nutzpflanzen verwandte Wildpflanzen verschwinden mitsamt ihrer wertvollen genetischen Informationen, und weltweit kämpfen solche Einrichtungen mit Finanzierungsproblemen.

Es gibt auch Biobanken mit genetischen Informationen von Tieren, allerdings sind diese noch in einem frühen Stadium. Das CryoArks-Projekt im Vereinigten Königreich arbeitet am Aufbau eines zoologischen Archivs für Tiergewebe und molekulare Informationen. Die erste Biobank für Schweine wurde 2015 in München gegründet.

Biodiversitätsarchive könnten zusammen mit Technologien zur künstlichen Befruchtung in Zukunft eine größere und aktivere Rolle im Naturschutz spielen – beispielsweise durch die Wiedereinführung genetischer Vielfalt.

DIE KARTIERUNG DER GENOME DER ERDE

Genom-Initiativen ergänzen Biodiversitätsbanken. Das EarthBiogenome-Projekt hat sich zum Ziel gesetzt, die Genome aller auf der Erde lebenden Arten zu sequenzieren. Genetische Informationen liefern Wissenschaftlern und Naturschützern eine Grundlage für das Verständnis der biologischen Vielfalt, für ihre Aufbewahrung und Wiederherstellung. Diese Genbibliotheken bieten Forschenden Wege, um die Ausbreitung von Krankheitserregern zu verhindern und Ökosystemleistungen zu verbessern. Sie könnten einen weiteren Rückgang der Biodiversität angesichts des Klimawandels mit verhindern.

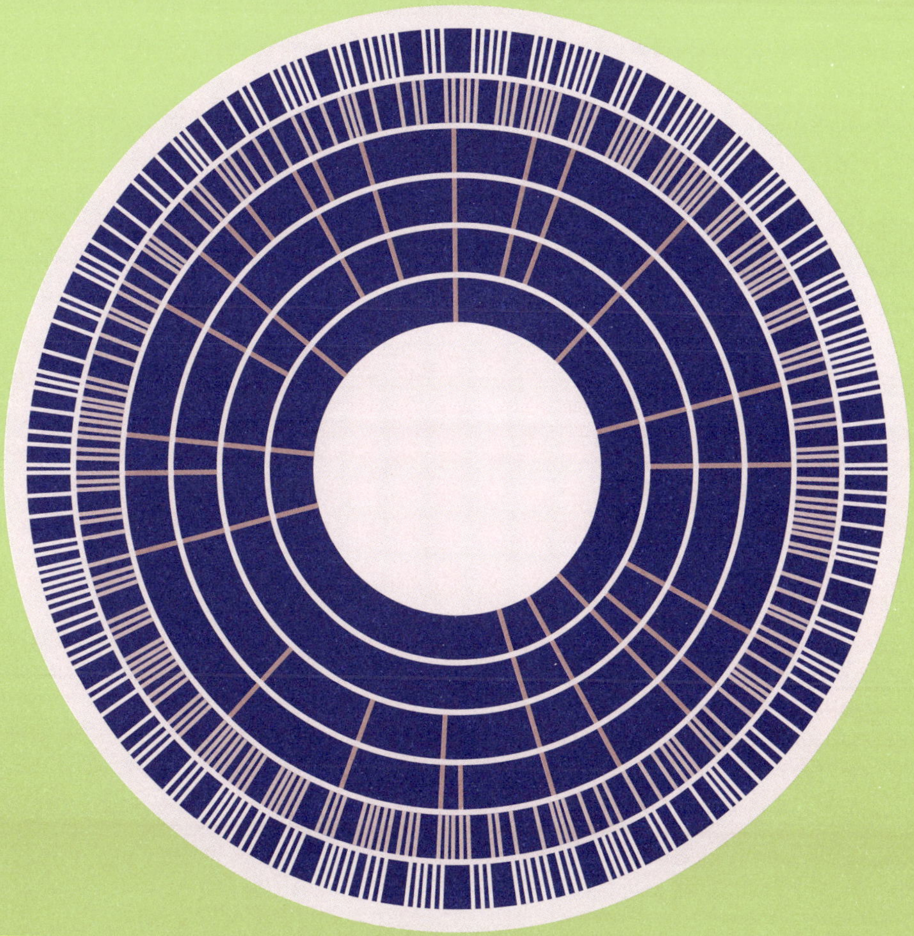

Wieviele Bisons braucht man, um ein Ökosystem wieder aufzubauen?

→ Nur wenige! Sie machen sich sofort daran, ihre Umwelt zu durchwühlen und schaffen so neue ökologische Nischen, in denen andere Organismen gedeihen können. Das sogenannte Rewilding ist ein sehr vielversprechender Ansatz für den Naturschutz.

Im Juli 2022 erhielten die Wälder um Canterbury drei Ureinwohner zurück: weibliche Wisente aus Europa, seit Jahrtausenden die ersten wild lebenden Tiere dieser Art in Großbritannien. Einst schnaubten diese Pflanzenfresser durch prähistorische Wälder, sie wurden jedoch wie viele andere Arten weitgehend ausgerottet. Nun holten Ökologen sie zurück, um geschädigte Wälder zu regenerieren. Wisente brechen durchs Unterholz, urinieren, koten und schaffen so Lebensräume für Vögel, Insekten und andere Lebewesen. Weitere alte Rassen kamen hinzu: Exmoor-Ponys und sogenannte Eisenzeit-Schweine. Gemeinsam sollen sie einen Naturwald aufbauen.

Rewilding ist ein über 30 Jahre altes Naturschutzkonzept, das in letzter Zeit Fahrt aufnimmt. Mit minimaler menschlicher Intervention soll die Natur in einen ursprünglicheren Zustand zurückkehren können, indem man ihr Raum und Zeit dafür gibt, oder aktiv bestimmte Großsäuger zurückbringt. Diese Megafauna soll eine „trophische Renaturierung" von oben her einleiten, Ökoysteme wiederbeleben, Umweltschäden rückgängig machen und Komplexität wiederherstellen.

Der ökologische Effekt des Rewilding ist nur teilweise erforscht. Man hofft, dass es den Rückgang der Artenvielfalt stoppt und resilientere Ökosysteme schafft. Kritiker weisen darauf hin, dass es keine offizielle Definition von Rewilding oder „wild" gibt. Das macht die Zielsetzung unklar. Der Prozess ist unter Ökologen und in der Öffentlichkeit umstritten, auch weil sich manche vor potenziell gefährlichen Arten fürchten. Weltweit gibt es viele und unterschiedlich erfolgreiche Rewilding-Projekte. Bisons kehrten nach Yellowstone, Alaska und Oklahoma zurück. Riesenschildkröten verwandelten auf einer der trockenen Galapagosinseln Savanne in Grasland. Geparden kehrten nach Indien zurück, doch einige starben innerhalb von Monaten.

Forschungsergebnissen zufolge könnte trophisches Rewilding dynamische Ökosysteme mit höherer Kohlenstoffbindung schaffen. Die Erholung von Streifengnu-Populationen verwandelte die Serengeti von einer Kohlenstoffquelle in eine Kohlenstoffsenke. Rewilding-Populationen an Land oder im Wasser brauchen eine bestimmte Größe, um ökologisch wirksam zu sein und damit müssten die Menschen auch bereit sein zu leben.

WIEDERHERSTELLUNG

Einer der ehrgeizigsten Vorschläge für langfristiges Rewilding ist die Wiederansiedlung des Wollhaarmammuts. Bisher ist es noch nicht gelungen, eine Art mithilfe der Gentechnik wiederzurückzuholen. In den letzten Jahren wurden jedoch mehrere Unternehmen gegründet, die das erreichen wollen, indem sie mittels alter DNA in einem Elefanten einen Mammut-Elefanten Hybriden heranzüchten. Mammuts und andere Großtiere könnten dazu beitragen, die arktische Tundra zu verändern und den Klimawandel abzuschwächen. Weil sie Baum- in Grasland verwandeln und trampelnd den Permafrost verdichten, könnten sie dessen Auftauen verhindern.

Sollten wir Stechmücken durch Genmanipulation ausrotten?

→ Die Frage bleibt offen, doch rein technisch könnten wir das mittlerweile. Die synthetische Biologie ermöglicht es uns, in außergewöhnlichem Maß an der Natur herumzubasteln. Aber sollten wir das?

Die Gentechnik ist so weit fortgeschritten, dass Menschen ihre Prinzipien auf biologische Systeme anwenden können. Dieses aufstrebende Gebiet wird als synthetische Biologie bezeichnet. Synthetische Biologen können natürliche Prozesse umgehen und Gene in Organismen so verändern, dass sie neue Eigenschaften bekommen. So haben Wissenschaftler mit biolumineszenten Gene aus Quallen, Pflanzen, Mäuse und Weißbüschelaffen zum Leuchten gebracht.
Gen-Drives sind in der Natur weit verbreitete genetische Elemente, die Vererbungsregeln unterlaufen. Sie verbreiten Merkmale aktiv über deren normale Häufigkeit hinaus, indem sie sich selbst kopieren oder andere Gene löschen und so einen Genotyp in einer Population durchsetzen. Mittels synthetischer Biologie können Wissenschaftler nun künstlich Gen-Drives erzeugen. Dies eröffnet verschiedene Möglichkeiten zur Veränderung der biologischen Vielfalt auf unserem Planeten und wirft entsprechend viele ethische Fragen auf.
Bislang wurden synthetische Gene Drives nur im Labor getestet, doch die Technik hat sich in den letzten zehn Jahren so rasant entwickelt, dass Wissenschaftler heute die Vererbungsprozesse so verzerren können, dass Organismen und potenziell sogar ganze Ökosysteme grundlegend verändert werden.
Mücken sind mehr als nur lästig; sie verbreiten die Malaria beim Menschen und führen zu Hunderttausenden von Todesfällen pro Jahr. Sollten wir sie ausrotten? Das ist jetzt machbar. Künstliche Gene Drives können etwa weibliche Moskitos unfruchtbar machen. Die Eigenschaft verbreitet sich exponentiell über Generationen sich rasant vermehrender Populationen. Ein einziges manipuliertes Männchen, das in die Wildnis entlassen wird, könnte potenziell seine gesamte Art auslöschen.
Die hieraus erwachsenden ethischen Fragen werden heftig diskutiert. Die Auslöschung einer Art kann ungeahnte Folgen haben und Gene Drives könnten sich dazu horizontal auf andere Arten übertragen. Doch das Instrument könnte auch ein großes Potenzial für den Naturschutz bergen, insbesondere weil auch positive Merkmale vererbt werden könnten. Korallen könnten wärmeren Gewässern widerstehen, Krankheitserreger weniger ansteckend gemacht und invasive Arten ausgerottet werden. Die Technologie birgt ein enormes Potenzial, doch eine Einigung bezüglich ihrer Anwendung dürfte nicht leicht fallen.

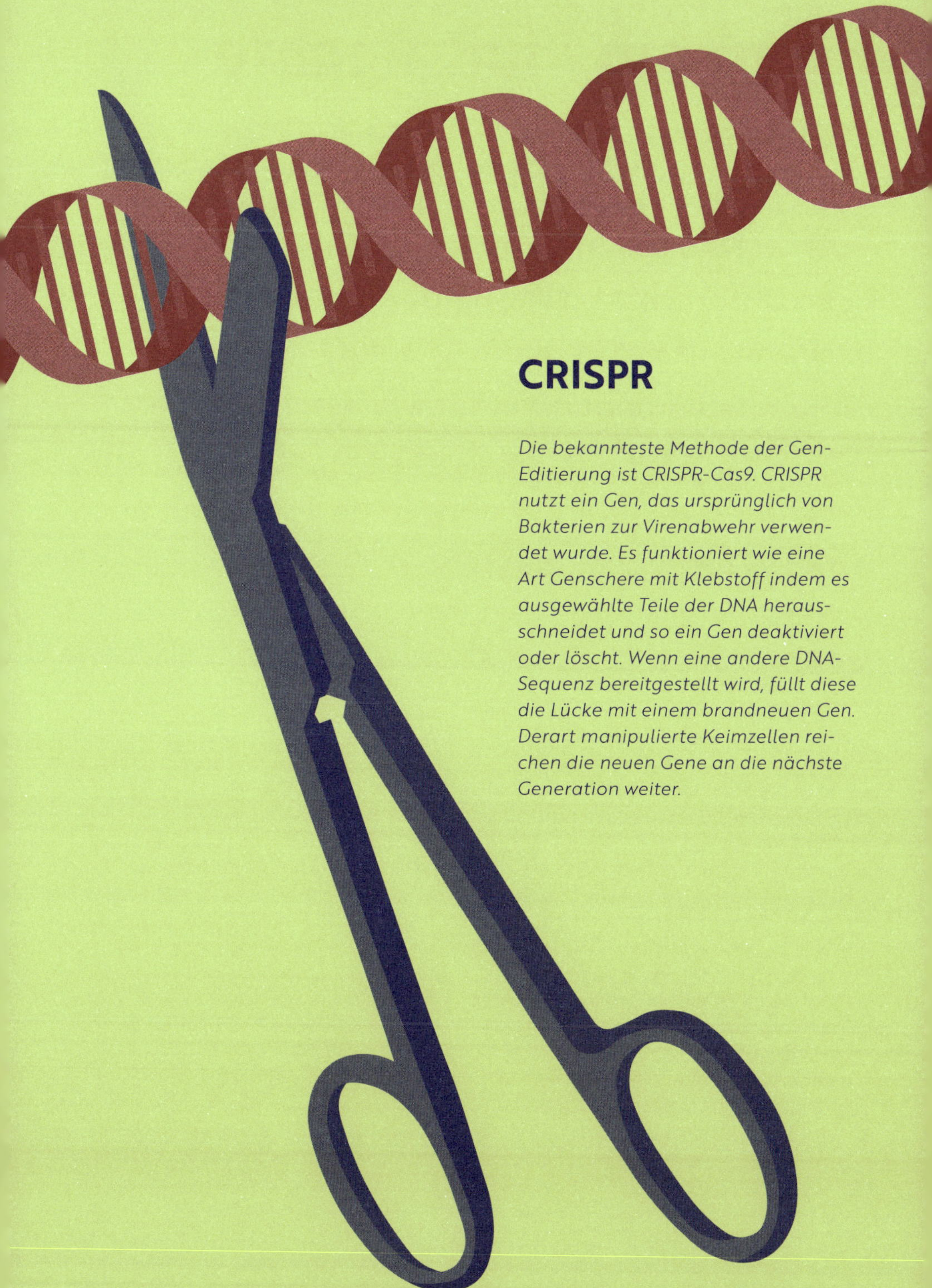

CRISPR

Die bekannteste Methode der Gen-Editierung ist CRISPR-Cas9. CRISPR nutzt ein Gen, das ursprünglich von Bakterien zur Virenabwehr verwendet wurde. Es funktioniert wie eine Art Genschere mit Klebstoff indem es ausgewählte Teile der DNA herausschneidet und so ein Gen deaktiviert oder löscht. Wenn eine andere DNA-Sequenz bereitgestellt wird, füllt diese die Lücke mit einem brandneuen Gen. Derart manipulierte Keimzellen reichen die neuen Gene an die nächste Generation weiter.

Kann ein Fluß Rechte haben?

→ In Neuseeland gibt es das bereits. Die gesetzliche Unterschutzstellung der biologischen Vielfalt und Umwelt hat Wirkung gezeigt. Internationale Abkommen können Veränderungen bewirken, doch ihre Schwäche besteht darin, dass sich alle Parteien zuerst darauf einigen und sie dann auch wirklich umsetzen müssen.

Bis im Jahre 1986 das Moratorium für den kommerziellen Walfang verabschiedet wurde, waren im 20ten Jahrhundert bereits knapp drei Millionen Wale getötet worden. Trotz heftiger Widerstände wurde das Verbot verabschiedet und rettete mit ziemlicher Sicherheit mehrere Walarten vor dem Aussterben.

Internationale Abkommen können erhebliche Gewinne für den Naturschutz bringen, sind aber nicht perfekt. Das 1973 ratifizierte Washingtoner Artenschutzübereinkommen (CITES) verbietet den Handel mit bedrohten Tier- und Pflanzenarten auf internationalen Märkten und soll so deren Überleben sichern. CITES ist ein wichtiger globaler Schritt zum Schutz der Artenvielfalt. Über 80 Arten wurden seither in eine niedrigere Gefährdungskategorie eingestuft, was darauf hindeuten könnte, dass die Schutzmaßnahmen gewirkt haben. Dennoch hat CITES Kritiker. Entscheidungen über Handel und Sanktionen sind nicht unabhängig von der Politik, und die Mitgliedschaft ist freiwillig. Außerdem regelt CITES nur den legalen Handel, während der illegale Handel nach wie vor wuchert. Zwischen 2010 und 2018 wurden über 2,4 Milliarden Dollar für seine Bekämpfung ausgegeben. Nachdem eine Art auf die Rote Liste der Weltnaturschutzunion (IUCN) gesetzt wurde, vergeht im Durchschnitt ein langes Jahrzehnt bis sie auch durch CITES geschützt wird.

Im Jahr 2022 verabschiedete die UNO den Globalen Biodiversitätsrahmen von Kunming-Montreal, ein internationales Abkommen zum Schutz der weltweiten Biodiversität. Dieses zielt darauf ab, den Verlust der Biodiversität aufzuhalten und umzukehren, mit konkreten Zielen wie dem Schutz von 30 Prozent der weltweiten Land- und Meeresflächen bis 2030. Das Abkommen ist vielversprechend, stieß jedoch frühzeitig auf Kritik hinsichtlich seiner Finanzierung und weil es nicht rechtsverbindlich ist.

Im Jahr 2023 wurde ein wegweisender Vertrag über die internationalen Gewässer der Welt ausgehandelt. Wenn er ratifiziert wird, schafft er einen Rahmen für die Einrichtung von Schutzgebieten auf hoher See. Die Umsetzung könnte kompliziert und langwierig werden.

Auch einzelne Nationen werden aktiv. Im Jahr 2017 verabschiedete Neuseeland ein Gesetz, das dem Whanganui-Fluß Menschenrechte gewährt, weshalb er vor Gericht vertreten werden kann. Nationale und internationale Abkommen können Biodiversität schützen, ihr Erfolg hängt aber letztlich von der Durchsetzung ab. Drei Länder jagen immer noch Wale: fast 40.000 seit 1986.

FÜHLENDE TIERE

In den letzten Jahren hat nationales und internationales Recht zunehmend die Empfindungsfähigkeit von Tieren anerkannt. Entsprechende Gesetze stützen die Auffassung, dass bestimmte nichtmenschliche Organismen Schmerz, Langeweile oder Freude empfinden können und vielleicht sogar ein Bewusstsein haben, denn Wissenschaftler gehen nun davon aus, dass Tiere wie Kopffüßer und Vögel die neurologischen Vorraussetzungen für ein Bewusstsein erfüllen. Ethische Überlegungen zum Tierleid fließen in Diskussionen über Rechte ein. Industrielle Krakenfarmen zeichnen sich ab. Darf das sein?

Welche Rolle können indigene Völker im Naturschutz spielen?

→ Vielleicht sollten wir zunächst einen Blick in die Vergangenheit werfen. In vielen Weltgegenden die als Wildnis gelten, haben indigene Völker über Zehntausende von Jahren hinweg nachhaltig gelebt und die biologische Vielfalt geformt und bewahrt.

Seit Jahrzehnten gilt beim Schutz der Biodiversität das Prinzip, dass natürliche Ökosysteme wieder resilienter werden, wenn man Menschen von ihnen fernhält. Dieses dualistische, als „Festung Naturschutz" bekannte Modell trennt Mensch und Natur. Zur Schaffung von Schutzgebieten wurden deshalb viele Bevölkerungsgruppen aus ihrer angestammten Heimat vertrieben.

Das Modell ist in einigen Ländern noch beliebt, doch zunehmend wird gefordert, es dahingehend zu überarbeiten, dass indigene Völker bei der Landpflege unterstützt werden, denn rund ein Drittel der Bevölkerungen tropischer Länder ist zur Deckung ihrer Grundbedürfnisse auf die Natur angewiesen.

Weltweit verdichten sich die Hinweise, dass traditionelle Bewirtschaftungsformen die Biodiversität fördern anstatt ihr im Wege zu stehen. Ausgewiesene „Wildnisgebiete" und globale Biodiversitäts-Hotspots sind häufig die Heimat vielfältiger Ethnien, die sich seit Jahrtausen-den mit der Natur entwickelt haben, etwa in den tropischen Wäldern Südostasiens und Neuguineas.

Daten aus Australien deuten darauf hin, dass indigene Völker zur nachhaltigen Nahrungsbeschaffung die Zusammensetzung ihrer Baumbestände verändert haben und durch den gezielten Einsatz von Feuer Grasland gerodet, die Pflanzenvielfalt erhöht und Schlüsselarten gefördert haben. Seit bis zu 65.000 Jahren beugten sie damit jenen Großfeuern vor, die heute das Land verheeren.

Die Pflanzenvielfalt indigener Waldgärten Kanadas ist größer als jene nicht bewirtschafteter Wälder. Menschen im Amazonasgebiet haben vermutlich die Biodiversität erhöht und außerdem den „Terra Preta" geschaffen, einen nährstoffreichen „Menschenboden" oder Anthrosol, dessen Potenzial für den Erhalt der Biodiversität erforscht wird. Die sogenannten „Territories of Life", Gebiete unter traditioneller und indigener Bewirtschaftung gehören zu den Artenreichsten der Erde. Sie erstrecken sich über etwa 21 Prozent der Landfläche und ein Drittel der intakten Wälder.

Eine neue Vision des Naturschutzes sieht den Schutz der Rechte indigener und lokaler Völker und der Unterstützung von Naturschutzinitiativen als Bedingung, die die Beziehung zwischen Natur und Mensch und damit auch die Biodiversität fördern.

SPIRITUELLER SCHUTZ

In den letzten Jahren haben Naturschützer erkannt, dass spirituell bedeutsame Stätten außerordentlich wertvoll für die biologische Vielfalt sind. Es könnte Hunderttausende von Waldgebieten in Ländern verschiedener Kontinente geben, die aufgrund ihrer wichtigen religiösen Bestimmung Schutz erfahren. Solche Haine oder Wälder weisen in der Regel eine weitaus höhere biologische Vielfalt auf als die sie umgebende Umwelt und sie bieten vielen stark gefährdeten Arten Schutz. Heilige Stätten sind natürliche Genbanken für Flora und Fauna, insbesondere für bedrohte und endemische Arten.

Wie kann ich Biodiversität schützen?

→ Heute ist menschliches Verhalten sowohl mit der Zerstörung als auch mit dem Erhalt biologischer Vielfalt verbunden. Wir alle können etwas beitragen, indem wir die biologische Vielfalt genau beobachten, Veränderungen begleiten und unsere Konsumgewohnheiten ändern.

Jeder kann zum Schutz und Erhalt der biologischen Vielfalt beitragen. Als „Citizen Scientist" können Menschen freiwillig bei Überwachung und Erfassung des Lebens und der Umwelt mithelfen. Diese Praxis hat in den letzten Jahrzehnten an Beliebtheit gewonnen und wird zunehmend als wertvoller Beitrag zur wissenschaftlichen Forschung anerkannt. Citizen Scientist können Daten zu Umweltvariablen und Wettermustern sammeln oder Tiersichtungen melden.

Solche Bestandsaufnahmen können für die Wissenschaft unglaublich wertvoll sein, insbesondere in Weltgegenden, in denen Ressourcen knapp sind oder wo Fernerkundung nicht möglich ist. Etablierte Netzwerke gibt es in der Europäischen Union, Nordamerika, Neuseeland und Australien und sie entstehen auch in Afrika, Asien und Südamerika. Mit der zunehmenden weltweiten Verbreitung von Smartphones und Mobilfunktechnologie wächst auch die Beteiligung.

Eine sich wandelnde Naturschutzdebatte beleuchtet die ebenso verzerrte wie weit verbreitete Vorstellung, dass primär das Bevölkerungswachstum und vor allem die sogenannte „Überbevölkerung" Umweltzerstörung und Biodiversitätsverlust verursachen. Dabei haben die Lebensweise der Menschen und vor allem ihre Konsumgewohnheiten den größten Einfluss. Wenn nicht nachhaltiger und übermäßiger Konsum ein Grund oder gar der Hauptgrund für den weltweiten Rückgang der Artenvielfalt ist, dann kann jeder Einzelne Veränderungen bewirken. Weniger Fleischverzehr (insbesondere von Rindfleisch) und ein geringerer Konsum von Produkten und Energie reduziert den Druck auf Ressourcen, Land und natürliche Lebensräume. Eine vegane Ernährung senkt den negativen Einfluss einer Person auf die Biodiversität um 65 Prozent und reduziert die Treibhausgasemissionen auf ein Viertel. Was wir essen, macht wirklich einen Unterschied. Die Unterstützung politischer Maßnahmen zum Schutz der Biodiversität kann helfen, ebenso wie die Unterstützung von Institutionen, die sich für deren Erhalt oder Förderung einsetzen. Weniger Abfall und Chemikalieneinsatz verringert die Umweltverschmutzung.

Um den heutigen Rückgang der Biodiversität aufzuhalten, sind kollektive und anhaltende Veränderungen des menschlichen Verhaltens auf globaler Ebene erforderlich. Ein Großteil davon wird von nationalen und internationalen Regierungen vorangetrieben werden. Doch auch jeder Einzelne kann seinen Beitrag leisten. Mit der Zeit kann die Menschheit ihre kollektive Verbindung zur Natur wiederherstellen und sich einsetzen für den Schutz der Biodiversität, die uns so viel gibt und genau wie wir das grundlegende Recht hat, um ihrer selbst willen zu existieren.

DER WERT DES LEBENS

Seit Jahrzehnten argumentieren Philosophen, dass die Natur um ihrer selbst willen geschätzt werden sollte und nicht nur wegen der Vorteile, die wir aus ihr ziehen. Diese Argumente basieren auf einer moralisch-ethischen Haltung gegenüber der Natur. Ihr zufolge könne das den Menschen angeborene Bedürfnis mehr als nur sich selbst zu erhalten, beim Schützen der Natur erfüllt werden. Damit würde die anthropozentrische Sicht von unserer Rolle in der Natur durch eine ökologische Sichtweise abgelöst werden die das Leben in den Mittelpunkt rückt. Unsere Fürsorge für andere Arten und Ökosysteme wird uns letztlich mit einem erfüllteren Leben belohnen.

WER MEHR WISSEN MÖCHTE …

BÜCHER

Antonelli, Alexandre. *The Hidden Universe: Adventures in Biodiversity.* Ebury Press, 2022

Carson, Rachel. *Der stumme Frühling* München: C.H. Beck, 2021, 6. Auflage

Clover, Charles. *Rewilding the Sea: How to Save Our Oceans.* Witness Books, 2023

Kolbert, Elizabeth. *Das sechste Sterben* Berlin : Suhrkamp, 2016, 1. Auflage

Montgomery, David R. Dreck. *Warum unsere Zivilisation den Boden unter den Füßen verliert.* München: Oekom, 2010

Wilson, Edward O. *Der Wert der Viefalt: Die Bedrohung des Artenreichtums und das Überleben des Menschen* München, Zürich: Piper, 1997

Yong, Ed. *Winzige Gefährten. Wie Mikroben uns eine umfassendere Ansicht vom Leben verleihen.* Kunstmann, A, 2018, 1. Auflage

ONLINE-RESOURCEN

Übereinkommen über die biologische Vielfalt
www.cbd.int

Berichterstattung über Biodiversität in The Guardian
www.theguardian.com/environment/biodiversity

Inkcap Journal: Longform-Journalismus über Natur und Umweltschutz in Großbritannien
www.inkcapjournal.co.uk

IPBES-Globaler Bericht des Weltbiodiversitätsrats von 2019
www.ipbes.net/global-assessment

Nature Portfolio: Forschung und Nachrichten zur Biodiversität
www.nature.com/subjects/biodiversity

PODCASTS

Babbage, The Economist
play.acast.com/s/theeconomistbabbage

BBC Inside Science
www.bbc.co.uk/programmes/b036f7w2

BBC Naturebang
www.bbc.co.uk/programmes/m00060x0

The Case for Conservation Podcast
www.case4conservation.com

Nature Insight: Speed Dating with the Future (IPBES Podcast)
podcasts.apple.com/us/podcast/nature-insight-speed-dating-with-the-future/id1518308737

Radiolab
radiolab.org

The Wild with Chris Morgan
www.kuow.org/podcasts/thewild

ÜBER DIE BEITRAGENDEN

AUTOR

Richard Kemeny
Richard ist ein auf Wissenschaft und Umwelt spezialisierter Autor mit Schwerpunkt Klimawandel, Ökologie und Biodiversität. Seine Arbeiten wurden veröffentlicht in National Geographic, BBC Travel, Smithsonian, New Scientist, The Economist, Hakai Magazine, The Atlantic, Wired UK, MIT Technology Review sowie Science and Sapiens. Er hat für Radio und Podcast gearbeitet für PRI's The World, BBC World Service und Economist Radio. Kemeny erhielt Stipendien von der Woods Hole Oceanographic Institution, dem Marine Biological Laboratory und der Erice International School of Science Journalism.

ILLUSTRATIONEN

Robert Fiszer
Robert ist ein in London ansässiger Illustrator und Designer, der konzeptionelle Vektorgrafiken für Bücher, das Internet und die Werbung entwirft. Sein minimalistischer Stil vermittelt klar wesentliche Bildinhalte und ihre Bedeutung. www.robertfiszer.com

INDEX

A

abiotisch 30, 32, 34, 43
Agroforstwirtschaft 71, 77
akustische Lockmittel 89, 94
akustische Ökologie 87, 89, 94–5
Algen 44, 50, 53, 56, 62, 96, 112, 124, 130,132, 144
Amazonasregenwald 24, 26, 100, 108, 152
Anaxagoras 50, 52
Antarktis 25, 56, 80, 92, 116
Anthrom 105, 106
Anthropozän 102–19
Antibiotika 54, 71
Antibiotikaresistenz 64, 71, 78
Archaeen 50, 51, 53, 54, 57, 58
Aristoteles 18, 19
arktisch 34, 94, 96,100, 116, 147
Arrhenius, Svante 50
Arten 12, 14, 20, 32, 46, 87, 122, 125
- Vielfalt 18, 20, 34, 78, 80, 100
- endemische 24, 26, 27, 118, 130, 153
- Hybridisierung 107, 123
- Identifizierung von 18, 91
- invasive 114, 122, 125, 134
- IUCN listen 142, 143
- Schlüsselarten 33, 40–1, 152
- Anzahl der 51, 58, 60
- gerettete 142–3
- Bildung von 12, 14–15, 16
- Nischenmodellierungen 86, 89
- Taxonomie 18–19

Asahi, Berg 56
Aspirin 80
Atmosphäre 10–11, 26, 30-38, 58-62, 69, 86, 104,105, 114
Aussterben 42, 113, 122, 124, 131, 134
- Hintergrundaussterberate 107
- Wiederherstellung 140, 147
- Massen(aus)streben 14, 118–19
- quartäre Aussterbewelle 124, 128
- lokales 122, 125

Aussterbestrudel 122, 124

B

Bakterien 10, 12, 16, 30, 34, 36, 50-54, 56, 57, 58, 60, 62, 64, 71, 75, 78, 80, 133, 149
Bartsch, Paul 92
Bäume 78, 98
Becking, Baas 51
Beifang 125, 128
Berge 13, 24–5
Bestäubung 40, 76, 99, 112, 122, 132
Bienen 44, 76, 98, 132
binäre Nomenklatur 18, 19
Biobanken 136, 141, 144
Biodiversität
Biodiversitätshypothese 78
- Daten zu 86–101, 154
- Abnahme in 31, 76, 90, 100, 105, 118, 122, 123, 126, 128, 130, 145, 146, 154
- Definition von 13
- Hotspots 13, 26–7, 98, 152
- Wert von 22–3

Biodiversitätskonvention (1993) 139
Bioenergie 70, 74
biologische Kohlenstoffpumpe 32, 39, 64
Biome 33, 34
Biosicherheit 125, 134
Biosphäre 13, 24, 31, 38, 86, 100
biotisch 30, 33, 34
biotische Homogenisierung 107, 118, 123
Bison 99, 140, 146
Boden 58, 59, 68, 69, 71, 76, 110, 116
Brennstoff 74
Brutto-Ökosystemproduct (GEP) 69, 70
Bruttoinlandsprodukt (BIP) 69, 70
Buchner, Johann Andreas 80
Bürgerwissenschaft 101, 154
Buschfleisch 125, 128

C

CAPTAIN 100
Chinin 80
Ciamician, Giacomo 75
CRISPR-Cas9 149
CryoArk 141, 144

D

Daily, Gretchen 69
Darmflora 54, 111, 142
Darwin, Charles 12, 16, 43
Darwinsche Dämonen 47
Der Mensch und die Biosphäre-Programm (MAB) 31
Diversität, Ursprünge der 8–27
DNA (Desoxyribonucleinsäure) 12, 16, 17, 97, 141, 147, 149
- Umwelt-DNA (EDNA) 88, 96–7, 98

Domestizierung 107, 112
Dopplersensoren 89, 98
Drone 90, 98
Dust Bowl (Staubschüssel) 58–9

E

EarthBiogenome-Projekt 145
Ehrlich, Anne und Paul 68
Eine Gesundheit 79
einzellige Organsimen 10, 13
Elephanten 42, 43, 87, 89, 91, 140
Energie, erneuerbare 70, 74
Erdbeben 24, 93
Erhaltungszucht 138, 141, 142
erneuerbare Energien 70, 74
essentielle Biodiversitäts-variablen (EBVS) 86, 89
Eukaryoten 10, 13, 53, 57
Extremophile 53, 56, 57, 80

F

Fäkaltransplantation 54
Fernerkundungstechik 88–9, 90–1
Fisch 16, 40, 44–5, 72, 96, 100, 116, 128, 134
Flüsse 34–5, 72, 150
fossile Brennstoffe 38, 71, 74, 104, 105, 108
Fossilien 105, 106, 109, 118, 119
Frösche 96
Frostschutzgen 16
fühlende Tiere 151

G

Gaia-Hypothese 11, 13
Gene 13, 16, 17, 141, 148–9
Genetik 12–13
Diversität 18, 20, 64, 141, 144
Gentechnik 80, 139, 141
Genome 64, 141, 145
Genotypen 141
geologische Prozesse 24
geologische Zeitskala 104, 107
Geophone 87, 89
Gesundheit 78–9
Global Biodiversity Information Facility (GBIF) 87
Global Positioning System (GPS) 89, 98
Globaler Biodiversitätsrahmen von Kunming-Montreal 150
Gorillas 82
Grenzstratotypuspunkte (GSSP) 106, 109
Große Beschleunigung 108
Großer Atlantischer Sargassum-Gürtel 132
Großer Pazifscher Müllteppich 117
Großsäuger 140,146

H

Haie 40, 44–5, 92, 128
Hälfte-der-Erde-Resolution 139
Hardin, Garrett 129
Hautmikrobiom 54, 142
Holobiont 52, 55, 63
Holozän 104, 106
Homogenozän 123, 125
Hotspots, der Biodiversität 26–7, 98, 152
Hybridisierung 107, 123
Hydrophone 87, 89
hydrothermale Tiefseequellen 35, 53, 56, 62

I

indigene Völker 152
Internationale Stratigraphische Kommission (ICS) 105
Internet der Tiere (IOA) 88, 93
Inzuchtdepression 141

K

Kadaver 36–7, 39, 40
Kamerafallen 87, 88
Kammmuscheln 40
Katzen, verwilderte135
Klima 22, 69, 100, 105, 1s07
Klimawandel 11, 14, 20, 24, 31, 58, 108, 123, 130
- und Biodiversitätsverlust 145
- Hotspots 26
- invasive Arten 134
- Mangroven 72
- Meeresmikroben 62

Konkurrenz zwischen Arten 42, 43
Kohlenstoff 26, 30, 38–9, 50, 53, 56, 58, 70
- -zyklus 32, 38, 60
- -senke 32, 38, 58
- -systeme 32–3
- -emissionen reduzieren 105, 139
- -sequestrierung 69, 71, 72, 146

Kohlendioxid 11, 32, 35, 38, 118
Konsum 126, 154
Korallen und Korallenriffe 22–3, 44, 73, 90, 94, 98, 100, 116, 118, 130, 148
Krabben, Kebse 44, 116
Krankheiten 20, 78, 79, 80, 125, 134, 144
Kröten 135

Kuhnasenrochen 40
Künstliche Intelligenz (KI) 90, 93, 100–1
Küstenökosysteme 73

L

Landwirtschaft 56, 58, 71, 76, 77, 108, 112, 125, 126, 132
Leeuwenhoek, Antoine van 50
LiDAR-Technologie 89, 90
Lindeman, Raymond 30, 33
Linné, Carl von 12, 18
Linnésches System 18
Lovelock, James 11
Löwen 118

M

Mangroven 71, 72–3
Margulis, Lynn 11
Max-Planck-Institut 98
Medikamente 56, 76, 80–1
Meereswirbel 106, 117
Megafauna140, 146
mehrzellige Organismen 10, 13
Menschen 44, 54–5, 64, 97, 104, 108, 112, 114
Microben 14, 50–65, 71, 74, 78
Microbiom 51, 52, 54, 58, 59, 111
Microbiota 50, 53, 142
Microskope 50
Migration 106, 114, 115, 130
Mikroalgen 53
MILANKOVIĆ-Zyklen 105, 107
Mischkulturen 125, 126
Monokultur 71, 77, 125
Moskitos 148
Müllteppich 106, 117
Mutualismus 40, 44, 60
Myers, Norman 26
Mykorrhiza-Netze 51, 52, 60–1

N

nachhaltige Entwicklung 31, 139
Nahrung 126, 154
Nahrungskette 33, 36
Nahrungsnetz 33, 36, 40, 53, 56, 62
Nationalparks 138, 140
Naturschutz 22, 82, 86, 90, 95, 100, 136–55
Naturschutzgebiete 138, 140
Nutzpflanzen76, 77, 107, 112, 125, 126, 144

O

Odum, Eugene 31
ökologische Abwärtsspirale 123, 124
Ökosysteme 18, 20–1, 28–47, 78, 94, 110
    Klimawandel und 130
    Kollaps der 123
Ökosystemleistungen 68–9, 70, 72
    Holobiont 52, 55
    Hotspots 26
    menschlicher Abdruck auf 126
    Indikatoren für die Gesundheit von 37, 44, 60, 90
    verschachtelte 63
Ökotourismus 70, 72, 82–3
Ordnungssysteme 18-19
Ostrom, Elinor 129
Ozeane 10, 11, 14, 24, 64, 108
    Versäuerung der 118, 130
    Kohlenstoff und 38, 39

P

Panspermie 50, 52
Parasitismus 32, 44, 134
Payne, Roger 95
Permafrost 32, 38
Pflanzen 38–9, 62, 74, 94, 104, 114, 122
Phoresie 45
Photosynthese 30, 32, 36, 38, 44, 70, 74, 75
Phytoplankton 36, 39, 53, 62
Pilze 50, 51, 52, 54, 58, 60–1
Plastik 62, 105, 106, 116–17
Plato 68
Polychlorinierte Biphenyle (PCB) 124, 132
Population 126, 154
Prairiehunde 40
Prokaryoten 10, 13, 51, 53
Protisten 53, 54
Protozoen 50, 53, 58
Przewalski-Gazelle 142
Pumas, Florida 126

Q

Quallen 98, 148
quartäree Aussterbewelle 124, 128

R

Raubtiere 33, 40, 42, 44–5, 46, 76
Regenwälder 13, 20, 26, 90, 94, 100
regulierende Leistung 71, 72, 76
Rewilding 140, 146–7
Rhizosphäre 52, 59
RNA, RNS (Ribonukleinsäure) 10, 12
Robotik 98–9

S

Saatgutbanken 141, 144
Saatguttresor von Spitzbergen 144
Salicin 80
Satellitentelemetrie 86, 87, 88, 90, 91
Schiffshalter 44–5
Schildkröten 46–7, 92, 128
Schmetterling 42–3
Schnabeltier 14–15
Schnee 56
Schneeball-Erde 11, 13
Schuppentier 128
Schutzgebiete 83
Seelische Gesundheit und Biodiversität 78
Sonar 87, 100
Sonnenenergie 70, 74, 75
Soulé, Michael 138
spritueller Schutz 153
Städte10–11
Stint 16
Sukzession 32, 46
Sukzession, ökologische 46
synthetische Biologie 141, 148

T

Tansley, Sir Arthur 30
Taxonomie 12, 18–19
taxonomische Systeme 18–19
Technologie 84–101
tektonische Platten 24–5, 38
Territories of Life 152
Therapie 80
Tiefsee 26, 32, 38, 56, 116
    Meeresmikroben 62–3
    Salzgehalt 34–5
Tiere 38, 92–3, 100, 104, 110, 111
    domestizierte 107, 112
    ausgewilderte 107, 113
    empfindsame 151
Totzone 125, 133
Tourismus, Ökotourismus 70, 72, 82–3
Tragik der Allmende 124, 129
Treibhausgase 108, 154
Trophiestufe 33, 36
trophische Dynamik 30, 33
trophische Kaskade 33, 40, 41

U

Überwachungstechik 92–3
Umsiedlung 140
Umwelt-DNA (EDNA) 88, 96–7, 98
Umweltverschmutzung 58, 74, 78, 116, 126, 132
unsichtbare Welt 48–65

V

Verbrauch 36
Vertikalwanderung 39
Verwilderung 107, 113
Viren 50, 53, 54, 58, 64–5, 71, 78, 149
Virosphäre 53, 64, 65
Vögel 92, 93, 94, 110
Vulkane 10, 13, 24, 38–9, 46, 56, 93

W

Wälder 32, 38, 69, 72–3, 126, 127, 152, 153
Waldschutz 152
Wale 36–7, 94, 95, 98, 150
Wallace, Alfred Russel 16
Wärmeregulierung 12
Washingtoner Artenschutz-übereinkommen (CITES) 150
Wasserkraft 70, 74
Weltnaturschutzunion (IUCN) 138, 142, 143, 150
Wespen 42, 76
Wettbewerb 33, 42–3, 46, 131
Wetter 20, 58, 69, 72, 73, 122, 130
Wildnis 108–9, 152
Wildtierhandel, illegaler 128, 150
Wilson, E.O. 18, 44, 139
Woese, Carl 57
Wölfe 41
Wood Wide Web 60–1

Y

Yellowstone Nationalpark 41, 138, 146

Z

Ziegen, Berg 42
Zoopharmakognosie 81
zwischenartliche Beziehung 32, 44
zwischenartliche Beziehungen 32, 44, 54, 55,60, 62, 70, 83

DANKSAGUNG

Ein großes Dankeschön an meine Partnerin Sally Brown. Danke für deine Hilfe, für die Inspiration und dafür, dass du eine unermüdliche Quelle positiver Energie bist. Dankbar bin ich auch für die aufschlussreichen und unterhaltsamen Gespräche mit Sofia Castello y Tickell und Robert Smith über Biodiversität, Ethik und vieles mehr. Besonderer Dank gilt Michaela Agapiou für ihre scharfsinnigen Kommentare. Vielen Dank an die Wissenschaftler, die sich die Zeit genommen haben, über ihre Arbeit zu sprechen, und an all die anderen, deren Forschungen und Debatten die Grundlage dieses Buches bilden. Schließlich will ich den Lektoren bei UniPress danken, insbesondere Katie Crous, für ihre Hilfe bei der Gestaltung des Buches und dem Illustrator Robert Fiszer dafür, dass er es zum Leben erweckt hat.

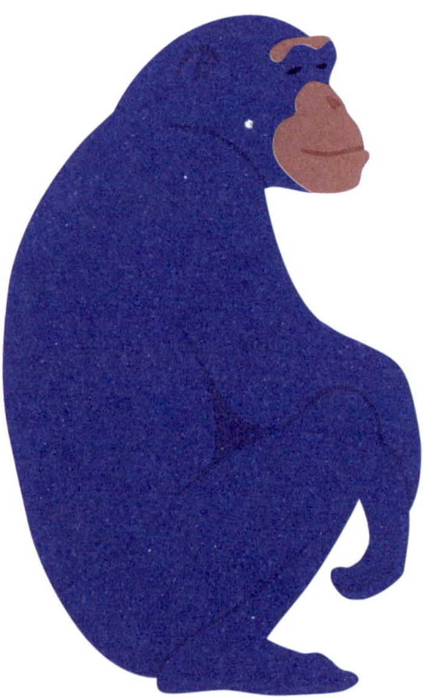